丛书主编：饶良修

INTERIOR DESIGN DETAILS COLLECTION

室内细部设计资料集

墙面装修

主　　编：石克辉　朱爱霞

副主编：王　芳　丁　辉

本册主审：饶良修

中国建筑工业出版社

图书在版编目（CIP）数据

墙面装修 / 石克辉，朱爱霞主编 . —北京：中国
建筑工业出版社，2021.9
（室内细部设计资料集 / 饶良修主编）
ISBN 978-7-112-26390-5

Ⅰ. ①墙…　Ⅱ. ①石…②朱…　Ⅲ. ①墙面装修-室
内装饰设计　Ⅳ. ① TU238

中国版本图书馆 CIP 数据核字（2021）第 144602 号

本书赠送增值服务，
请扫小程序码

责任编辑：何　楠
责任校对：赵　菲

INTERIOR DESIGN DETAILS COLLECTION
室内细部设计资料集
墙面装修
丛书主编：饶良修
主　　编：石克辉　朱爱霞
副 主 编：王　芳　丁　辉
本册主审：饶良修
　*
中国建筑工业出版社出版、发行（北京海淀三里河路 9 号）
各地新华书店、建筑书店经销
北京建筑工业印刷厂制版
北京建筑工业印刷厂印刷
　*
开本：880 毫米×1230 毫米　1/16　印张：13½　字数：386 千字
2021 年 9 月第一版　2021 年 9 月第一次印刷
定价：**68.00** 元（含增值服务）
ISBN 978-7-112-26390-5
　　（37733）

《室内细部设计资料集》

总编辑委员会

《墙面装修》

分编辑委员会

序　一

　　期待已久的"室内细部设计资料集"陆续与读者见面了，这是我国室内设计界值得庆贺的一件大事。这一套由高等院校、施工单位和设计单位联合编写丛书的面世，在我国室内设计界，不仅仅为设计师们，为教师们，为施工单位提供了一套符合我国国情的，有关室内细部设计的设计、教学、施工参考资料，这还是改革开放之后，我国新兴的室内设计专业正在逐渐走向成熟的一种标志。

　　室内设计从建筑设计中分离出来成为独立的新专业之后，在细部设计方面面临着许多新问题。从向书本学习，向国外学习到在实践中成长。中国的室内设计从业者们经历过摸索，经历过失败，也取得了成功。值得庆幸的是，众多的实践机会让我们在摸爬滚打中成长起来。我们终于有了自己的"室内细部设计资料集"。虽然它可能还有不足之处，但我相信不断的实践会让它更加充实，更加完美。

　　这部资料集汇集了我国室内细部设计方面的许多典型案例，是我国在室内设计实践中成功经验的总结，值得我们好好学习和运用。同时，事物也总是在发展的。建筑材料在不断更新，施工方法在不断变化，审美情趣在不断改变，这都需要室内细部设计不断寻找新的对策。我希望在这个资料集的基础上，有更多新的创造，新的发展。我相信我们会越做越好。

　　我国室内设计的老前辈，我们中国建筑学会室内设计分会的老副会长饶良修先生主持了这套资料集的编写工作，为此付出了多年的不懈努力。我们室内设计分会还有不少设计单位、高校教师以及施工单位为此书的诞生在辛勤劳动。在此，我对他们的无私奉献表示深深的谢意，并希望这套丛书尽快全面完成。

邹瑚莹

序　二

　　"室内细部设计资料集"在中国建筑工业出版社与中国建筑学会室内设计分会的共同组织下，经过众多编著者艰辛劳作终于陆续出版面世了。

　　"室内细部设计资料集"尝试采用一种新的编纂方式，邀请了业内著名专家、学者参与策划、审校工作；由国内知名室内设计、教学、施工单位及产品生产企业联合编写，集室内设计行业的智慧，服务于行业的发展需求。设计和施工单位，长期从事一线的室内装修工程，积累了大量的室内细部设计案例和资料；大专院校具有学术研究的传统与严谨的治学态度，他们善于将实践总结提升到理论高度，使读者不但知其然，亦知其所以然；而相关产品生产厂家，提供了第一手产品资料，使设计师充分掌握了产品性能、产品标准与应用标准，使设计师在选用产品时能做到心中有数。

　　"室内细部设计资料集"是建筑设计、室内设计从业人员编制室内设计施工图文件，进行室内细部设计的技术手册；是高等院校室内设计专业的教师、学生工程技术实践教学的参考资料；也可以作为监理单位工程技术人员、室内工程施工单位专业技术人员的培训教材。

　　《墙面装修》分册由概论与工程案例两个部分组成。概论部分以文字为主，包括墙面装修涉及的新技术、新工艺、设计要点、构造原理、选用方法等方面的内容。工程案例部分是经过实践考验的，技术成熟、安全可靠的室内工程的经验总结。书中提供的室内细部设计案例是特定形式的技术解决方案，技术条件执行我国现行的法规、标准、规范、规程。案例部分工程实例照片对照详图构造、结合文字说明编制，构造精确清晰。

　　"室内细部设计资料集"篇幅大，编制时间长，而室内设计时效性很强，技术发展很快，如果等到全部出齐，有的构造可能已经落后了。为了使图集尽早发挥作用，服务于行业的需求，由于各个分册之间既有联系，又相对独立，采取完稿一本，就先出一本。随着时间的推移、技术的发展，我们在后续中将不断补充、修订。

　　"室内细部设计资料集"丛书原计划由9个相对独立的分册组成。由于种种原因，除《楼梯栏杆（板）》分册按原出版合同完稿外，其余8个分册均未按合同时间交稿。

　　《墙面装修》最早邀吕勤智教授、王传顺总建筑师联合编撰，吕勤智老师负责概论部分、王传顺先生负责工程案例部分的编制工作。后因二位作者时间原因，调整为由北京交通大学石克辉教授与丛书副主编、中国建筑学会室内设计分会常务理事、北京清水爱派建筑设计股份有限公司朱爱霞副总建筑师组成新编辑班子，另起炉灶，按编制大纲的要求，从收集资料开始，任务落实到人，全力以赴，用一年左右的时间于 2020 年 6 月底基本完稿，这是丛书各分册编辑进度用时最短的分册。

目前丛书调整为 6 个分册：

（1）《墙面装修》

（2）《地面装修》

（3）《室内吊顶》

（4）《楼梯栏杆（板）》

（5）《卫浴设计》

（6）《公共建筑导向系统》

2020 年突如其来的新冠肺炎疫情严重地影响了我们正常的工作和生活。我们通过网络通知所有参编人员，在保护好自身健康的前提下，对自己过去编写的章节认真校对、补充完善。在正常上班后，编写组重新梳理校审了书稿，经过终审会，进行了最后修改，向出版社交付了《墙面装修》"齐、清、定"的稿件。

"室内细部设计资料集"丛书从立项开始，就得到上届中国建筑学会室内设计分会邹瑚莹会长、叶红秘书长的支持。邹会长为本丛书作序，激励参编人员做好这件有意义的工作；叶秘书长派朱爱霞理事、潘晓微老师协助推动工作，新一届分会秘书长陈亮也给予了实质性的支持，这对编辑组成员是极大的鼓舞。在《墙面装修》出版发行之际，我对所有参编人员的辛勤付出表示衷心的感谢；这里还特别要感谢驰瑞莱工业（北京）有限公司积极参编，提供了公司产品的第一手资料；感谢中国装饰装修材料协会秘书长丁辉先生为本书推介旗下厂家参编，感谢技术主审唐曾烈先生对《墙面装修》提供的指导意见。

我们期待《墙面装修》的出版，能在室内设计工程中发挥积极的作用，对室内设计工作者有所帮助，成为室内工程设计、施工、监理技术人员的好帮手。

饶良修

前　言

2018 年 11 月间，中国建筑学会室内设计分会资深顾问、学会第一任常务副会长兼秘书长、"室内细部设计资料集"丛书主编饶良修先生联系我，希望我能接手《墙面装修》分册的编写工作，因为此分册已久拖数年未启，不能再拖了。我与饶老先生相识二十多年，我成为中国建筑学会室内设计分会会员、理事的成长过程中，他都是我的前辈和领导，对于饶老的为人和学识我都非常敬佩，他的邀约和托付让我感到不小的压力和责任。一来这套丛书是饶老多年的心愿和心血，二来我长期在高校从事教学工作，参与的实际工程项目不多，而资料集的核心是用于指导实际工程施工的技术工具书，能否完成任务我心里没底，很是忐忑。但是饶老给了我极大的信任和鼓励，同时北京清水爱派建筑设计股份有限公司的朱爱霞老师不仅鼓励我，还亲自加入，和我共同承担《墙面装修》分册的编写工作，这给我吃下了定心丸。

"技法不过是一种手段，但是轻视技法的艺术家是永远不会达到目的的"，艺术大师奥古斯特·罗丹的这句话其实也很准确地给这本书做了一个注释，即再好的设计都需要相应的技术手段才能最终得以实现，可见这个保障实现的技术环节至关重要。一本好的技术工具书可以对从业人员起到有增无已、如虎添翼的作用。虽然《墙面装修》分册可能未做到最好，但这却是努力的目标。

《墙面装修》分册分为概论和工程案例两个部分。技术条件执行我国现行的法规、标准、规范和规程。书中采取将基础理论与技术措施相结合的方法，理论先行，案例紧随，从墙体的基本知识、构造原理，到墙面装修的选用方法，再到工程案例的施工技术参考，涵盖了现今新出现的一些墙面装修做法；并采用表格的形式将以上归类涉及的基本知识和原理中的，如构件名称、定义、分类、规格、性能、等级、适用范围等繁杂细碎内容集于一表，一目了然。最后，配合第一章的内容，遵循原理、方法、案例这一逻辑，由第二章墙面装修工程案例作为收尾。

本书不是事无巨细、面面俱到的资料堆砌，而是以墙面装修施工技术方法为主导的，有原理、有案例、有逻辑的资料整合，力图为广大从业人员提供一份承前启后、简明扼要、图文并茂、直观易懂、内容翔实的技术资料手册。

最后借《墙面装修》发稿之际，感谢饶良修先生为本书的编写指明方向，在编写过程中提出许多具体建议；感谢唐曾烈先生对本书提供的指导意见；感谢朱爱霞老师对本书毫无保留地奉献出自己的知识和宝贵经验；感谢北京交通大学建筑与艺术学院我的研究生的通力协作；感谢中国建筑设计研究院有限公司环境艺术设计院室内设计所饶劢女士和北京丽贝亚建筑装饰工程有限公司王芳女士为本书提供的大量案例及无私帮助；感谢驰瑞莱工业（北京）有限公司副总经理李猛先生的大力支持和积极参编；感谢所有参与本书的编写人员、支持本书编制的单位、合作厂商和出版社，感谢他们的坚持和辛勤付出。愿本书能为建筑行业的从业人员和在校的师生提供参考，并希望大家对本书的不足和疏漏予以指正，提出宝贵意见，我们将在后续版本中改进。

石克辉

目　　录

第一章　概论

第一节 墙面装修做法综述

一、墙面装修构造组成

墙面装修是由墙体、基层和面层组成。

墙体是建筑物的重要组成部分，在建筑中起着承重、围护和分隔空间的作用。墙体的类型有多种，按墙体在建筑中所处位置分为外墙、内墙；按墙体在建筑平面中的方向分为横墙、纵墙；按墙体的受力情况分为承重墙、非承重墙；按墙体的材料分为钢筋混凝土墙、石砌墙、砌块墙（实心黏土砖墙、多孔黏土砖墙、粉煤灰硅酸盐砌块墙、混凝土空心砌块墙、矿渣空心砖墙、空心陶土砖墙）、板墙等。室内装修中分隔墙通常采用轻质隔墙，是由轻质砌块、轻质条板砌筑安装或由轻钢龙骨与面板组合而成的墙体。

基层是墙体和面层之间的做法层。基层做法根据墙体和面层材料不同，做法也不同。基层有特殊需求的还要做防水层、隔声层等。

墙体面层为墙体装修的饰面材料，包括涂料、壁纸壁布、木质类饰面、瓷砖墙砖、石材、金属装饰板、装饰玻璃和其他特殊材料等。

二、墙面装修基本要求

（一）强度和稳定性要求

强度是指墙体承受荷载的能力，它与所采用的材料以及同一材料的强度等级有关，墙体必须具有足够的强度，以确保结构的安全。

墙面装修设计中，不同的墙体类型对于强度和稳定性的要求不同，采取的加强构造措施及要求也不一样。

（二）保温隔热要求

墙体保温隔热性能直接影响室内气候环境和舒适度。为保持室内有良好的舒适环境，在建筑设计中除加强自然通风以外，还应对建筑墙体采取保温隔热措施。

墙体的保温隔热系统分为内保温、外保温两种构造做法，不同的保温做法采取的构造措施均不同。

（三）隔声要求

声波在空气中传播时，用各种易吸收能量的物质消耗声波的能量，使声能在传播途径中受到阻挡而不能直接通过的措施，称为隔声。隔声设施包括隔墙、隔声罩、隔声幕和隔声屏障。隔墙主要隔离空气直接传播的噪声，是最有效的隔声设施。

《民用建筑隔声设计规范》GB 50118—2010 中关于各类建筑隔墙隔声设计要求的相关标准如下[①]：

4. 住宅建筑

4.2.6 外墙、户（套）门和户内分室墙的空气声隔声性能，应符合表4.2.6的规定。

表4.2.6 外墙、户（套）门和户内分室墙的空气声隔声标准

构件名称	空气声隔声单值评价量＋频谱修正量（dB）
外墙	计权隔声量＋交通噪声频谱修正量 $R_w + C_{tr}$ ≥ 45
户（套）门	计权隔声量＋粉红噪声频谱修正量 $R_w + C$ ≥ 25
户内卧室墙	计权隔声量＋粉红噪声频谱修正量 $R_w + C$ ≥ 35
户内其他分室墙	计权隔声量＋粉红噪声频谱修正量 $R_w + C$ ≥ 30

4.3 隔声减噪设计

4.3.5 当厨房、卫生间与卧室、起居室（厅）相邻时，厨房、卫生间内的管道、设备等有可能传声的物体，不宜设在厨房、卫生间与卧室、起居室（厅）之间的隔墙上。对固定于墙上且可能引起传声的管道等物件，应采取有效的减振、隔声措施。主卧室内卫生间的排水管道宜做隔声包覆处理。

4.3.6 水、暖、电、燃气、通风和空调等管线安装及孔洞处理应符合下列规定：

1 管线穿过楼板或墙体时，孔洞周边应采取密封隔声措施。

2 分户墙中所有电气插座、配电箱或嵌入墙内对墙体构造造成损伤的配套构件，在背对背设置时应相互错开位置，并应对所开的洞（槽）有相应的隔声封堵措施。

3 对分户墙上施工洞口或剪力墙抗震设计所开洞口的封堵，应采用满足分户墙隔声设计要求的材料和构造。

4 相邻两户间的排烟、排气通道，宜采取防止相互

Section1
概论

墙面装修
做法综述

墙面装修
分类

装配式
成品隔墙

工程做法

---

① 本章节提到相应标准、规范规定时，为方便读者查阅相关条文、延伸阅读、直接引用的条文部分保留原文条目号及图表号。

Section1
概论
墙面装修
做法综述
墙面装修
分类
装配式
成品隔墙
工程做法

串声的措施。

4.3.8 住宅建筑的机电服务设备、器具的选用及安装，应符合下列规定：

1 机电服务设备，宜选用低噪声产品，并应采取综合手段进行噪声与振动控制。

2 设置家用空调系统时，应采取控制机组噪声和风道、风口噪声的措施。预留空调室外机的位置时，应考虑防噪要求，避免室外机噪声对居室的干扰。

3 排烟、排气及给排水器具，宜选用低噪声产品。

5. 学校建筑

5.2.1 教学用房隔墙、楼板的空气声隔声性能，应符合表5.2.1的规定。

表5.2.1 教学用房隔墙、楼板的空气声隔声标准

构件名称	空气声隔声单值评价量＋频谱修正量(dB)	
语言教室、阅览室的隔墙与楼板	计权隔声量＋粉红噪声频谱修正量 $R_w + C$	＞50
普通教室与各种产生噪声的房间之间的隔墙、楼板	计权隔声量＋粉红噪声频谱修正量 $R_w + C$	＞50
普通教室之间的隔墙与楼板	计权隔声量＋粉红噪声频谱修正量 $R_w + C$	＞45
音乐教室、琴房之间的隔墙与楼板	计权隔声量＋粉红噪声频谱修正量 $R_w + C$	＞45

注：产生噪声的房间系指音乐教室、舞蹈教室、琴房、健身房。

6. 医院建筑

6.2.1 医院各类房间隔墙、楼板的空气声隔声性能，应符合表6.2.1的规定。

表6.2.1 各类房间隔墙、楼板的空气声隔声标准

构件名称	空气声隔声单值评价量＋频谱修正量	高要求标准(dB)	低限标准(dB)
病房与产生噪声的房间之间的隔墙、楼板	计权隔声量＋交通噪声频谱修正量 $R_w + C_{tr}$	＞55	＞50
手术室与产生噪声的房间之间的隔墙、楼板	计权隔声量＋交通噪声频谱修正量 $R_w + C_{tr}$	＞50	＞45
病房之间及病房、手术室与普通房间之间的隔墙、楼板	计权隔声量＋粉红噪声频谱修正量 $R_w + C$	＞50	＞45
诊室之间的隔墙、楼板	计权隔声量＋粉红噪声频谱修正量 $R_w + C$	＞45	＞40
听力测听室的隔墙、楼板	计权隔声量＋粉红噪声频谱修正量 $R_w + C$	—	＞50
体外震碎石室、核磁共振室的隔墙、楼板	计权隔声量＋交通噪声频谱修正量 $R_w + C_{tr}$	—	＞50

7. 旅馆建筑

7.2.1 客房之间的隔墙或楼板、客房与走廊之间的隔墙、客房外墙（含窗）的空气声隔声性能，应符合表7.2.1的规定。

表7.2.1 客房墙、楼板的空气声隔声标准

构件名称	空气声隔声单值评价量＋频谱修正量	特级(dB)	一级(dB)	二级(dB)
客房之间的隔墙、楼板	计权隔声量＋粉红噪声频谱修正量 $R_w + C$	＞50	＞45	＞40
客房与走廊之间的隔墙	计权隔声量＋粉红噪声频谱修正量 $R_w + C$	＞45	＞45	＞40
客房外墙（含窗）	计权隔声量＋交通噪声频谱修正量 $R_w + C_{tr}$	＞40	＞35	＞30

8. 办公建筑

8.2.1 办公室、会议室隔墙、楼板的空气声隔声性能，应符合表8.2.1的规定。

表8.2.1 办公室、会议室隔墙、楼板的空气声隔声标准

构件名称	空气声隔声单值评价量＋频谱修正量	高要求标准(dB)	低限标准(dB)
办公室、会议室与产生噪声的房间之间的隔墙、楼板	计权隔声量＋交通噪声频谱修正量 $R_w + C_{tr}$	＞50	＞45
办公室、会议室与普通房间之间的隔墙、楼板	计权隔声量＋粉红噪声频谱修正量 $R_w + C$	＞50	＞45

9. 商业建筑

9.3.1 噪声敏感房间与产生噪声房间之间的隔墙、楼板的空气声隔声性能应符合表9.3.1的规定。

表9.3.1 噪声敏感房间与产生噪声房间之间的隔墙、楼板的空气声隔声标准

围护结构部位	计权隔声量＋交通噪声频谱修正量 $R_w + C_{tr}$ (dB)	
	高要求标准	低限标准
健身中心、娱乐场所等与噪声敏感房间之间的隔墙、楼板	＞60	＞55
购物中心、餐厅、会展中心等与噪声敏感房间之间的隔墙、楼板	＞50	＞45

（四）防火要求

1.《建筑设计防火规范》GB 50016—2014（2018年版）关于墙体防火要求的相关规定：

5.1.2 民用建筑的耐火等级可分为一、二、三、四级。除本规范另有规定外，不同耐火等级建筑相应构件的燃烧性能和耐火极限不应低于表 5.1.2 的规定。

表 5.1.2 不同耐火等级建筑相应构件的燃烧性能和耐火极限（h）

构件名称		耐火等级			
		一级	二级	三级	四级
墙	防火墙	不燃性 3.00	不燃性 3.00	不燃性 3.00	不燃性 3.00
	承重墙	不燃性 3.00	不燃性 2.50	不燃性 2.00	难燃性 0.50
	非承重外墙	不燃性 1.00	不燃性 1.00	不燃性 0.50	可燃性
	楼梯间和前室的墙 电梯井的墙 住宅建筑单元之间的墙 和分户墙	不燃性 2.00	不燃性 2.00	不燃性 1.50	难燃性 0.50
	疏散走道两侧的隔墙	不燃性 1.00	不燃性 1.00	不燃性 0.50	难燃性 0.25
	房间隔墙	不燃性 0.75	不燃性 0.50	难燃性 0.50	难燃性 0.25
柱		不燃性 3.00	不燃性 2.50	不燃性 2.00	难燃性 0.50
梁		不燃性 2.00	不燃性 1.50	不燃性 1.00	难燃性 0.50
楼板		不燃性 1.50	不燃性 1.00	不燃性 0.50	可燃性
屋顶承重构件		不燃性 1.50	不燃性 1.00	不燃性 0.50	可燃性

6.1.5 防火墙上不应开设门、窗、洞口，确需开设时，应设置不可开启或火灾时能自动关闭的甲级防火门、窗。

可燃气体和甲、乙、丙类液体的管道严禁穿过防火墙。防火墙内不应设置排气道。

6.1.7 防火墙的构造应能在防火墙任意一侧的屋架、梁、楼板等受到火灾的影响而破坏时，不会导致防火墙倒塌。

6.2.1 剧场等建筑的舞台与观众厅之间的隔墙应采用耐火极限不低于 3.00h 的防火隔墙。

舞台上部与观众厅闷顶之间的隔墙可采用耐火极限不低于 1.50h 的防火隔墙，隔墙上的门应采用乙级防火门。

舞台下部的灯光操作室和可燃物储藏室应采用耐火极限不低于 2.00h 的防火隔墙与其他部位分隔。

电影放映室、卷片室应采用耐火极限不低于 1.50h

的防火隔墙与其他部位分隔，观察孔和放映孔应采取防火分隔措施。

6.2.2 医疗建筑内的手术室或手术部、产房、重症监护室、贵重精密医疗装备用房、储藏间、实验室、胶片室等，附设在建筑内的托儿所、幼儿园的儿童用房和儿童游乐厅等儿童活动场所、老年人照料设施，应采用耐火极限不低于 2.00h 的防火隔墙和 1.00h 的楼板与其他场所或部位分隔，墙上必须设置的门、窗应采用乙级防火门、窗。

2.《建筑内部装修设计防火规范》GB 50222—2017 关于墙面装修材料防火要求的相关规定：

（1）装修材料的燃烧性能等级划分

3.0.2 装修材料按其燃烧性能应划分为四级，并应符合本规范表 3.0.2 的规定。

表 3.0.2 装修材料燃烧性能等级

等级	装修材料燃烧性能
A	不燃性
B_1	难燃性
B_2	可燃性
B_3	易燃性

（2）建筑内部墙面装修材料的燃烧性能等级规定不应低于表 1。

表 1 建筑内部墙面装修材料的燃烧性能等级

序号	建筑物及场所	建筑规模、性质	高层民用建筑	单层、多层民用建筑	地下民用建筑
1	候机楼的候机大厅、贵宾候机室、售票厅、商店、餐饮场所等	—	A	A	
2	汽车站、火车站、轮船客运站的候车（船）室、商店、餐饮场所等	建筑面积> 10000m²	A	A	
		建筑面积 ≤ 10000m²	B_1	B_1	
3	观众厅、会议厅、多功能厅、等候厅等	每个厅建筑面积 > 400m²	A	A	A
		每个厅建筑面积 ≤ 400m²	B_1	B_1	
4	体育馆	> 3000 座位		A	
		≤ 3000 座位		B_1	
5	商店营业厅	—	B_1	B_1	A

续表

序号	建筑物及场所	建筑规模、性质	高层民用建筑	单层、多层民用建筑	地下民用建筑
6	宾馆、饭店的客房及公共活动用房等	—	B_1	B_1	B_1
7	养老院、托儿所、幼儿园的居住及活动场所	—		A	A
8	医院的病房区、诊疗区、手术区	—	A	A	A
9	教学场所、教学实验场所		B_1	B_1	A
10	纪念馆、展览馆、博物馆、图书馆、档案馆、资料馆等的公众活动场所		B_1	B_1	A
11	存放文物、纪念展览物品、重要图书、档案、资料的场所		A	A	A
12	歌舞娱乐游艺场所		B_1	B_1	A
13	A、B级电子信息系统机房及装有重要机器、仪器的房间	—		A	A
14	餐饮场所	营业面积>100m²（单、多层）	B_1	B_1	A
		营业面积≤100m²（单、多层）		B_1	
15	办公场所	—	B_1	B_1	B_1
16	其他公共场所		B_1	B_1	B_1
17	住宅		B_1	B_1	
18	电信楼、财贸金融楼、邮政楼、广播电视楼、电力调度楼、防灾指挥调度楼	一类建筑	A		
		二类建筑	B_1		
19	汽车库、修车库	—	—	—	A

表格出处：上述表格根据《建筑内部装修设计防火规范》GB 50222—2017 表5.1.1、表5.2.1、表5.3.1汇总。

3.0.3 装修材料的燃烧性能等级应按现行国家标准《建筑材料及制品燃烧性能分级》GB 8624 的有关规定，经检测确定。

3.0.4 安装在金属龙骨上燃烧性能达到 B_1 级的纸面石膏板、矿棉吸声板，可作为 A 级装修材料使用。

3.0.5 单位面积质量小于 $300g/m^2$ 的纸质、布质壁纸，当直接粘贴在 A 级基材上时，可作为 B_1 级装修材料使用。

3.0.6 施涂于 A 级基材上的无机装修涂料，可作为 A级装修材料使用；施涂于 A 级基材上，湿涂覆比小于 $1.5kg/m^2$，且涂层干膜厚度不大于 1.0mm 的有机装修涂料，可作为 B_1 级装修材料使用。

3.0.7 当使用多层装修材料时，各层装修材料的燃烧性能等级均应符合本规范的规定。复合型装修材料的燃烧性能等级应进行整体检测确定。

（3）特别场所墙面装修材料的燃烧性能等级规定不应低于以下要求。

4.0.4 地上建筑的水平疏散走道和安全出口的门厅，其顶棚应采用 A 级装修材料，其他部位应采用不低于 B_1 级的装修材料；地下民用建筑的疏散走道和安全出口的门厅，其顶棚、墙面和地面均应采用 A 级装修材料。

4.0.5 疏散楼梯间和前室的顶棚、墙面和地面均应采用 A 级装修材料。

4.0.6 建筑物内设有上下层相连通的中庭、走马廊、开敞楼梯、自动扶梯时，其连通部位的顶棚、墙面应采用 A 级装修材料，其他部位应采用不低于 B_1 级的装修材料。

4.0.10 消防控制室等重要房间，其顶棚和墙面应采用 A 级装修材料，地面及其他装修应采用不低于 B_1 级的装修材料。

4.0.11 建筑物内的厨房，其顶棚、墙面、地面均应采用 A 级装修材料。

4.0.14 展览性场所装修设计应符合下列规定：

2 在展厅设置电加热设备的餐饮操作区内，与电加热设备贴邻的墙面、操作台均应采用 A 级装修材料。

4.0.18 当室内顶棚、墙面、地面和隔断装修材料内部安装电加热供暖系统时，室内采用的装修材料和绝热材料的燃烧性能等级应为 A 级。当室内顶棚、墙面、地面和隔断装修材料内部安装水暖（或蒸汽）供暖系统时，其顶棚采用的装修材料和绝热材料的燃烧性能应为 A 级，其他部位的装修材料和绝热材料的燃烧性能不应低于 B_1 级，且尚应符合本规范有关公共场所的规定。

（五）防水、防潮要求

1.《民用建筑设计统一标准》GB 50352—2019 关于防水、防潮设计要求的相关规定：

6.10.3 墙身防潮、防渗及防水等应符合下列规定：

1 砌筑墙体应在室外地面以上、位于室内地面垫层处设置连续的水平防潮层；室内相邻地面有高差时，应在高差处墙身贴邻土壤一侧加设防潮层；

2 室内墙面有防潮要求时，其迎水面一侧应设防潮层；室内墙面有防水要求时，其迎水面一侧应设防水层；

3 防潮层采用的材料不应影响墙体的整体抗震性能；

4 室内墙面有防污、防碰等要求时，应按使用要求设置墙裙。

　　2.《住宅室内防水工程技术规范》JGJ 298—2013关于防水设计要求的相关规定：

5.3.3 墙面防水设计应符合下列规定：

1 卫生间、浴室和设有配水点的封闭阳台等墙面应设置防水层；防水层高度宜距楼、地面面层1.2m。

2 当卫生间有非封闭式洗浴设施时，花洒所在及其邻近墙面防水层高度不应小于1.8m。

（六）建筑工业化要求

建筑工业化是指建筑设计标准化、构配件生产工业化、施工机械化、管理科学化。目的是提高机械化施工程度，增加工效，节约成本，节能环保。

《装配式住宅建筑设计标准》JGJ/T 398—2017 相关设计要求：

6.2.1 装配式隔墙、吊顶和楼地面部品设计应符合抗震、防火、防水、防潮、隔声和保温等国家现行相关标准的规定，并满足生产、运输和安装等要求。

6.2.2 装配式隔墙部品应采用轻质内隔墙，并应符合下列规定：

1 隔墙空腔内可敷设管线；

2 隔墙上固定或吊挂物件的部位应满足结构承载力的要求；

3 隔墙施工应符合干式工法施工和装配化安装的要求。

8.2.4 给水排水管道穿越预制墙体、楼板和预制梁的部位应预留孔洞或预埋套管。

8.4.1 装配式住宅套内电气管线宜敷设在楼板架空层或垫层内、吊顶内和隔墙空腔内等部位。

三、隔墙与隔断

（一）隔墙

室内装修设计中常用的隔墙为轻钢龙骨轻质隔墙。轻钢龙骨轻质隔墙主要有轻钢龙骨纸面石膏板隔墙、轻钢龙骨硅酸钙板隔墙和轻钢龙骨纤维水泥加压板隔墙等。轻钢龙骨墙面板的分类、规格、特点及适用范围见表2。

Section1
概论

墙面装修
做法综述

墙面装修
分类

装配式
成品隔墙

工程做法

轻钢龙骨墙面板的分类、规格、特点及适用范围 表2

名称	种类	产品规格（mm）	特点	适用范围
石膏板	普通纸面石膏板	2400/3000×1200×12	重量轻、隔声、隔热、易加工、施工方便	用于一般要求的隔墙
	耐水纸面石膏板			用于厨房、卫生间，外贴面砖等
	耐潮纸面石膏板			用于有防潮要求的部位
	耐火纸面石膏板			用于有防火要求的部位
	覆膜石膏板	2400/3000×1200×12	饰面丰富、外观时尚、环保、无尘、防潮、防霉、防下陷、干法安装、无污染、可冬季施工	用于内隔墙墙面
硅酸钙板	低密度硅酸钙板	2400×1200×（7～25）	防火、防潮、耐候、隔声、强度高、易加工、施工方便、不易变形等	用于内隔墙墙面及其他用途
	中密度硅酸钙板	2400×1200×（7～25）		
	高密度硅酸钙板			
纤维水泥加压板	低密度纤维水泥加压板	1200×2400×（4～30）	防火、防水、隔热、隔声、强度高、环保、施工方便	用于厨房、卫生间，外贴面砖等
	中密度纤维水泥加压板	1220×2440×（6～25）		
	高密度纤维水泥加压板	600×600×（4～8）		

表格出处：参考国家标准图集《内装修—墙面装修》13J502—1，部分调整。

（二）隔断

隔断是分隔室内空间的装修构件，在室内空间中起到局部分隔的作用，或分而不隔，使空间在功能上有所限定。比如，为遮挡视线所设的屏风，为阻挡人流所设的半高隔断，通常仅为简单阻挡或装饰，很难达到防火、隔声、保温的要求。

室内隔断可分为成品固定隔断和成品活动隔断两大类，具有形式多样，分割空间自由灵活，易于安装、拆卸，环保，可重复利用等特点。

成品固定隔断是一种工厂化生产制作的标准化、模数化、系列化室内装饰成品隔断，用于室内空间分隔，具有组装方便、可重复使用、饰面材料及色彩丰富多样等特点。

成品活动隔断是根据房间使用功能和面积的需要，可灵活进行空间分割的装修构件（部件），起到阻碍人们视线、限定空间功能、灵活分割空间的作用，具有临时性、装饰性特点。

成品活动隔断形式及存储方式如图1～图3所示。

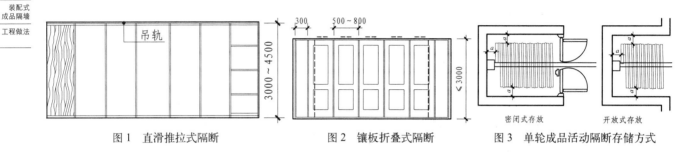

图1　直滑推拉式隔断　　　　图2　镶板折叠式隔断　　　　图3　单轮成品活动隔断存储方式

第二节　墙面装修分类

墙面装修具有围护空间、划分空间层次、满足使用功能、渲染空间气氛的功能。通过墙面装修，不仅可以满足强度安全、防火、防潮、防水、隔声、隔热等功能要求，还可以达到美化空间、赋予空间风格等装饰效果。

墙面装修常用材料有涂料、壁纸壁布、木质材料、陶瓷墙砖、石材、金属装饰板、玻璃等装饰材料。不同的材料具有不同的特性及装饰效果，设计师需在设计过程中根据建筑功能的需要来选择。

一、涂料墙面

（一）涂料的定义

涂料是涂饰于物体表面能与基体材料很好粘结并形成完整而坚韧保护膜的材料，具有保护、装饰功能，也可具有特殊功能，如防水、防霉、抗菌、耐候、耐污等作用。

（二）涂料的分类

1. 建筑涂料的分类、成分、品种、特点及适用范围见表3。

2. 饰面型防火涂料的分类、特性及适用范围见表4。

建筑涂料的分类、成分、品种、特点及适用范围　　　　　　　　　　　表3

种类		成分	分类	特点	适用范围
有机涂料	溶剂型涂料	以高分子合成树脂为主要成膜物质，有机溶剂为稀释剂加适量颜料、填料（体制颜料）及辅助材料研磨而成	丙烯酸酯类溶剂型涂料、聚氨酯丙烯酸酯复合型涂料、聚酯丙烯酸酯复合型涂料、有机硅丙烯酸酯复合型涂料、聚氨酯类溶剂型涂料、聚氨酯环氧树脂复合型涂料、过氯乙烯溶剂型涂料、氯化橡胶建筑涂料	涂膜细腻、光洁、坚韧，有较好的硬度、光泽、耐水和耐候性。但易燃、涂膜透气性差，价格较高	一般用于大型厅堂、室内走道、门厅
	水溶性涂料	以水溶性合成树脂为主要成膜物质，以水为稀释剂加适量颜料、填料（体质颜料）及辅助材料研磨而成	聚乙烯醇类建筑涂料、耐擦洗仿瓷涂料	原材料资源丰富，可直接溶于水中，价格较低，无毒、无味、耐燃，但耐水性较差、耐候性不强，耐洗刷性也较差	一般用于室内。也用于涂刷浴室、厨房内墙及建筑物内的一般墙面

续表

种类		成分	分类	特点	适用范围
有机涂料	乳液型涂料（又称乳胶漆）	以乳液为主要成膜物，加适量颜料、填料及辅助材料研磨而成	聚醋酸乙烯乳液涂料、丙烯酸酯乳液涂料、苯乙烯—丙烯酸酯共聚乳液（苯丙）涂料、醋酸乙烯—丙烯酸酯共聚乳液（乙丙）涂料、醋酸乙烯—乙烯共聚乳液（VAE）涂料、氯乙烯—偏氯乙烯共聚乳液（偏氯）涂料、环氧树脂乳液涂料、硅橡胶乳液涂料	价格便宜，对人体无害，有一定的透气性，耐擦洗性较好	室内外均可
无机涂料	水溶性涂料	生石灰、碳酸钙、滑石粉加适量胶而成	无机硅酸盐水玻璃类涂料、硅溶胶类建筑涂料、聚合物水泥类涂料、粉刷石膏抹面材料	原材料资源丰富，保色性好、耐久性长、耐热、不燃、无毒、无味，但耐水性差、涂膜质地疏松、易起粉，是最早应用的一类涂料	室内墙面
复合涂料		无机—有机涂料结合	丙烯酸酯乳液＋硅溶胶复合涂料、苯丙乳液＋硅溶胶复合涂料、丙烯酸酯乳液＋环氧树脂乳液＋硅溶胶复合涂料	吸取了有机涂料与无机涂料的优点，是最早应用的一类涂料	室内墙面
硅藻泥		以硅藻土为主要原材料，添加多种助剂的装饰材料	—	绿色环保、净化空气、防火阻燃、呼吸调湿、吸声降噪、保温隔热等	室内墙面

表格出处：国家标准图集《内装修—墙面装修》13J502—1，部分调整。

饰面型防火涂料的分类、特性及适用范围　　　　表4

分类	特性	适用范围
A60-1 改性氨基膨胀防火涂料	采用同类型分子结构树脂的混合物为基料，与防火剂达到理想的防护作用，形成 C-P-N 防火体系。其物理性能与普通氨基漆相似	适用于工程中可燃基材的防火保护，也适用于电线、电缆的防火涂覆
A60-501 透明防火涂料	是双组分涂料。A 组分是胶料，由酚醛树脂、脲醛树脂及溶剂组成；B 组分是粉料，由聚戊四醇、三聚氰胺等及部分填料组成。在施工时将 A、B 两组分按一定比例混合均匀即可使用	适用于室内外物件的防火保护
A60-01 透明防火涂料	具有涂膜平滑、透明、显纹性好和优良的防火性能	—
G60-3 膨胀型过氯乙烯防火涂料	是采用同类型分子结构的卤化聚合物拼和基料，添加防火组分、颜料填料、增塑料、稳定剂等，经研磨（或压片）分散而成，有良好的防火隔热效果，耐酸碱、耐盐雾、耐油、耐候	适用于室内外物件的防火保护
B60-70 膨胀型防火涂料	水乳胶防火涂料，是以水乳胶（液）为基料的防火涂料，乳胶（液）加入防火剂、颜料填料，以及保护胶体的增塑剂、润湿剂、防冻剂、消泡剂等助剂后，经过研磨或分散处理，即成为乳胶防火涂料。基料类型大多为丙烯酸乳液	—

表格出处：国家标准图集《内装修—墙面装修》13J502—1，部分调整。

3. 常用涂料产品种类及适用范围见表5～表7。

乳胶漆的分类、特点及适用范围　　　　表5

分类	特点	适用范围
哑光漆	无毒、无味、较高遮盖力、良好耐洗刷性、附着力强、耐碱性好，安全、环保、施工方便，流平性好	适用于室内墙面
丝光漆	涂膜平整光滑、质感细腻，具有丝绸光泽，高遮盖力、强附着力，抗菌、防霉、耐水、耐碱、可擦洗、光泽持久	适用于室内墙面
有光漆	色泽纯正、光泽柔和、漆膜坚韧、附着力强、干燥快、防霉耐水，耐候性好、遮盖力高	适用于室内墙面
高光漆	附着力、遮盖力高，坚固美观，光亮如瓷，防霉耐菌，耐洗刷，涂膜耐久且不易剥落，坚韧结实	适用于室内墙面

表格出处：《设计师的材料清单——室内篇》，朱小斌、林之昊主编，同济大学出版社。

艺术涂料的分类、特点及适用范围　　　　　　　　　　　　　表6

分类	特点	适用范围
壁纸漆（液体壁纸）	液体壁纸、幻图漆或印花涂料，属于一种新型内墙装饰水性涂料，性能环保，效果多样，色彩任意调制，而且可以任意定制效果	适用于门庭、玄关、电视背景墙、廊柱、吧台、吊顶等部位，宾馆、酒店、会所、俱乐部、歌舞厅、夜总会、度假村，以及高档豪华别墅、公寓和住宅的内墙装修均可选用
仿大理石漆	装饰效果酷似大理石、花岗石的涂料	
板岩漆	色彩鲜明，具有板岩石的质感，具有天然石材的表现力，同时又具有保温、降噪的特性	
浮雕漆	立体质感逼真的彩色墙面涂装艺术质感涂料，装饰后的墙面呈现出浮雕般观感效果	
肌理漆	做出肌理效果	
裂纹漆	由硝化棉、颜料、有机溶剂，裂纹漆辅助剂等研磨调制而成的，有各种颜色	
马来漆	又称威尼斯灰泥，是一类由凹凸棒土、丙烯酸乳液等混合的浆状涂料，通过各类批刮工具在墙面上批刮操作可产生各类纹理	
砂岩漆	一般称仿石漆，是种仿真石材的建筑涂料	
幻影漆	通过专用漆刷和特殊工艺，制造各种纹理效果的特种水性涂料	
金属金箔漆	由高分子乳液、纳米金属光材料、纳米助剂等优质原材料采用高科技生产技术合成的新产品	适合于多种场合的室内墙面装修，具有金箔闪闪发光的效果，给人一种金碧辉煌的感觉

表格出处：《设计师的材料清单——室内篇》，朱小斌、林之昊主编，同济大学出版社。

书写涂料的分类、特点及适用范围　　　　　　　　　　　　　表7

分类	特点	适用范围
纳米墙膜高光涂料	可以将普通墙面变成超大的白板，使用水性白板笔随意书写并可擦除	多用于教室、办公室、开放沟通区等墙面
纳米墙膜哑光涂料	涂层致密性高、光泽舒适，能代替投影幕布，清晰投影的同时支持书写和擦除，达到投影幕布和白板合二为一的功能	多用于会议室投影墙面

表格出处：《设计师的材料清单——室内篇》，朱小斌、林之昊主编，同济大学出版社。

（三）涂料的选用

1. 环境安全：建筑涂料中有害物质含量须低于现行国家标准《建筑用墙面涂料中有害物质限量》GB 18582规定的指标；应符合现行《民用建筑工程室内环境污染控制标准》GB 50325规定的要求。做好材料进场检验，凡无出厂环境指标检验报告、有害物质含量指标超标的产品不得使用。

2. 质量优良：能满足不同档次的建筑装饰工程及建筑部位使用要求，选择性能和品质优良、技术配套的产品。

3. 施工条件：能适应实地施工环境（温度、湿度）、被涂饰部位的基层材质和表面状况等。

4. 经济实惠：在装饰工程投资预算范围内，考虑产品的性价比，选择品质优良、效果突出、技术先进、价格合理的产品。

（四）涂料的施工做法

混凝土墙、抹灰内墙、立筋板材墙表面工程的涂料施工主要工序：清扫基底面层→填补缝隙、局部刮腻子→磨平→第一遍满刮腻子→磨平→第二遍满刮腻子→磨平→施涂封底涂料→施涂主层涂料→第一遍罩面涂料→第二遍罩面涂料。

纸面石膏板墙表面工程的涂料施工主要工序：对板缝、钉眼进行处理→满刮腻子→砂纸打光→施涂封底涂料→施涂主层涂料→第一遍罩面涂料→第二遍罩面涂料。

二、壁纸、壁布墙面

（一）壁纸、壁布的定义

壁纸、壁布是以纸或布为基材，上面覆有各种色彩或图案的装饰材料，广泛用于住宅、办公室、宾馆、酒店等室内装修墙面装饰；具有色彩多样、图案丰富、安全环保、经久耐用、施工方便、价格适宜、装饰效果好等特点；通过印花、压花、发泡还可以仿制许多传统材料的质感，形成以假乱真的视觉感受。

Section1
概论

墙面装修
做法综述

墙面装修
分类

装配式
成品隔墙

工程做法

（二）壁纸、壁布的分类

1.按材质分：塑料壁纸、织物壁纸、金属壁纸、树脂壁纸、装饰壁布等。

2.按功能分：除有装饰功能外，还有吸声、防火阻燃、保温隔热、调温、防霉、防菌、防虫、防潮、抗静电等功能的壁纸和壁布。

3.按花色分：套色印花压纹、仿锦缎、仿木材、仿石材、仿金属、仿清水砖及静电植绒等壁纸和壁布类型。

常用壁纸与壁布的分类、特点、规格及用途见表8。

常用壁纸与壁布的分类、特点、规格及用途　　　　　　　　　　　表8

分类	特点	常用规格	用途
PVC塑料壁纸	以优质木浆纸或布为基材，PVC树脂为涂层，经复合、印花、压花、发泡等工序构成。具有花色品种多、耐磨、耐折、耐擦洗、可选性强等特点，是目前产量最大、应用最广的壁纸	宽：530mm，长：10m/卷	各种建筑物的内墙装饰
织物复合壁纸	将丝、棉、毛、麻等天然纤维复合于纸基上制成。具有色彩柔和、透气、调湿、吸声、无毒、无异味等特点，美观、大方、典雅、豪华，但价格偏高，不易清洗，防污性差	宽：530mm，长：10m/卷	用于饭店、酒吧等高档场所内墙面装饰
金属壁纸	以纸为基材，在其上真空喷镀一层铝膜，形成反射层，再进行各种花色饰面，效果华丽、耐老化、耐擦洗、无毒、无味。虽喷镀金属膜，但不形成屏蔽，能反射部分红外线辐射	宽：530mm，长：10m/卷	高级宾馆、舞厅内墙、柱面装饰
复合纸质壁纸	将双层纸（表纸和底纸）施胶、层压复合在一起，再经印刷、压花、表面涂胶制成，质感好、透气、价格较便宜	宽：530mm，长：10m/卷	各种建筑物的内墙面
锦缎壁布	华丽美观、无毒、无味、透气性好	宽：720～900mm，长：20m/卷	高级宾馆、住宅内墙面
装饰壁布	强度高、无毒、无味、透气性好	宽：820～840mm，长：50m/卷	招待所、会议室、餐厅等内墙面
无机质壁纸	面层为各种无机材料，具有防火、保温、吸潮、吸声等特点，有蛭石壁纸、珍珠岩壁纸、云母壁纸等	—	有防火要求的房间墙面装饰
石英纤维壁布	面层是以天然石英砂为原料，加工制成柔软的纤维，然后织成粗网格状、人字状等。这种壁布用胶粘在墙上后只做基底，再根据设计要求刷涂各种色彩的乳胶漆，形成多种多样的色彩和纹理结合的装饰效果，并可根据需要多次喷涂，更新装饰风格；具有不怕水、不锈蚀、无毒、无味、对人体无害、使用寿命长等特点	宽：530mm，长：33.5m/卷或17m/卷	各种建筑物内墙装饰
壁毡（壁毯）	各类素色的毛、棉、化纤纺织品，质感、手感都很好，吸声保温，透气性好，但易污染，不易清洁	—	点缀性内墙面装饰
无纺贴墙布	富有弹性，不易折断、老化，对皮肤无刺激，色彩鲜艳，透气，防潮，不褪色，防污性差	—	高级宾馆、住宅内墙面装饰

表格出处：参考国家标准图集《内装修—墙面装修》13J502—1，部分调整。

（三）壁纸、壁布的选用

1.防火要求较高的场所，应考虑选用难燃型壁纸或壁布。

2.计算机房等对静电有要求的场所，可选用抗静电壁纸或壁布。

3.气候潮湿地区及地下室等潮湿场所，应选用防霉、防潮型壁纸或壁布。

4.酒店、宾馆在选用壁纸或壁布时首先考虑面对群体的风俗习惯。

5.一般公共场所对装饰材料强度要求高，一般选用易施工、耐碰撞的布基壁纸或壁布。

6.壁纸（布）品种、花型、颜色由设计师定，燃烧性能见厂家产品说明，设计选用时应在施工图中说明。

Section1
概论

墙面装修
做法综述

墙面装修
分类

装配式
成品隔墙

工程做法

7.壁纸或壁布的选用要考虑用户的文化层次、年龄、职业及所在地域特征等，同时要考虑房间的朝向。向阳房间宜选用冷色调壁纸；背阳房间宜选用暖色调壁纸；儿童房间宜选用卡通壁纸；较矮的房间宜选用竖条状壁纸。还应根据经济适用的原则，选用耐磨损、擦洗性好的壁纸。

（四）壁纸、壁布的施工做法

清扫基层、填补缝隙磨砂纸→接缝处贴嵌缝膏→找补腻子、磨砂纸→涂刷底胶一遍→墙面划准线→壁纸浸水湿润→壁纸涂刷胶粘剂→基层涂刷胶粘剂→纸上墙、裱糊拼缝、搭接、对花→赶压胶粘剂裁边→撩净挤出的胶液清理、修整。

三、木质类饰面墙面

（一）木质类饰面的定义

木饰面用于室内设计工程已有悠久的历史。它材质轻、强度高，耐冲击和振动，有较佳的弹性和韧性，易于加工和表面涂饰，对电、热、声有较高的绝缘性，并具有美丽的自然纹理，给人以柔和温暖的视觉和触觉感受。

木质护壁墙裙是在墙的四周距地一定高度范围之内用装饰面板、木线条等材料组成的护壁墙，具有装饰、防污、保护墙体的作用，其品种繁多、纹理多样、可擦洗、不变形、强度高、造型美观、色泽优雅、装饰效果好、便于清洁。其在材料选择上通常选用耐磨、耐腐蚀、可擦洗等方面优于原墙面的材质。

（二）木质类饰面材料的分类

用于内装修的木材可分为胶合板、细木工板（大芯板）、刨花板（颗粒板、蔗渣板）、欧松板密度板（纤维板）、蜂巢板、饰面防火板、微薄木贴皮等，可根据项目造价及性能要求选用适宜的板材。

（三）木质类饰面墙面的选用

木质类饰面墙面的选用可根据建筑不同功能的需要选择设计。

1.卫生间隔断、宾馆及机场、地铁、医院等场所的墙面，易选用抗撞击性和耐清洗性的木挂板。

2.淋浴室、更衣室、游泳池等场所的墙壁和隔板，易选用高耐水性以及接近无孔的表面。

3.服务区域的工作台、橱柜、营业台等，则选用具有良好的耐湿性、耐磨性、耐划破性木饰面材料。

4.实验室、手术室、制药厂等场所，可选用具有良好的耐腐蚀性木饰面材料。

5.木饰面材料有丰富的色彩和质地，与其他材料如金属、玻璃、瓷砖、塑料等都可以很好地融合匹配。

（四）木质类饰面的施工做法

常用的木质类墙面饰面包括木挂板、木饰面护壁墙裙。

1.木挂板的施工做法：木挂板的施工做法按其固定方式分为挂板施工、粘接施工和明钉施工三类。

（1）挂板施工

墙面定位弹线→钻孔安装角码→吊垂线固定竖向龙骨→竖龙骨调直调平→固定横向龙骨→横向龙骨调水平→面板挂装。

（2）粘接施工

龙骨配置与处理→墙面定位弹线→钻孔安装角码→吊垂线固定竖向龙骨→竖龙骨调直调平→布置双面胶和结构胶→固定横向龙骨→横向龙骨调水平→面板安装→安装临时固定措施→固定胶固化→拆除临时固定措施。

（3）明钉施工

龙骨配置与处理→墙面定位弹线→钻孔安装角码→吊垂线固定竖向龙骨→竖龙骨调直调平→固定横向龙骨→横向龙骨调水平→钻孔布置固定点和滑动点→面板安装。

2.木饰面护壁墙裙的施工做法

（1）木饰面护壁墙裙干挂式安装做法

顶面、地面定位弹线→用膨胀螺栓固定沿顶、沿地龙骨→吊垂线固定竖向龙骨→竖龙骨调直调平→满铺阻燃板基层→安装金属连接件→安装木制护壁墙裙。

（2）木饰面护壁墙裙钉粘式安装做法

墙面定位弹线→将墙裙板和分隔木线按顺序插进脚线→涂胶粘剂钉分隔木线→涂胶封钉口、补漆→分隔木线钉固化→拔掉分隔木线钉。

四、陶瓷墙砖墙面

（一）陶瓷墙砖的定义

陶瓷墙砖是由黏土和其他无机非金属原料，经成型、烧结等工艺生产的板状或块状陶瓷制品，用于装饰与保护建筑物、构筑物的墙面。

（二）陶瓷墙砖的分类

陶瓷墙砖产品的种类、品种、特点及适用范围见表9。

陶瓷墙砖产品的种类、品种、特点及适用范围　表9

种类	分类	特点	适用范围
釉面砖	彩色釉面砖	颜色丰富、多姿多彩、经济实惠	室内墙面
	闪光釉面砖	明亮、光洁、美观、色彩丰富、品种多样	室内墙面
	透明釉面砖		
	普通釉面砖		
	浮雕艺术砖（花片）		
	腰线砖（饰线砖）		
瓷质砖	同质砖（通体砖）	强度高、防滑、耐磨、防划痕、美观高雅	室内外墙面
	瓷质彩釉砖（全瓷釉面砖）		
	瓷质渗花抛光砖（仿大理石砖）		
	瓷质抛光砖		
	瓷质艺术砖		
	全瓷渗花砖		
	全瓷渗花高光釉砖		
	玻化砖		
	仿古砖		
	瓷质仿石砖（仿花岗岩砖）		
	陶瓷锦砖（马赛克）		
劈离砖	—	色调古朴高雅、背纹深、燕尾槽构造、粘贴牢固、不易脱落、防冻性能好	室外墙面

表格出处：参考国家标准图集《内装修—墙面装修》13J502—1，部分调整。

（三）陶瓷墙砖的选用

1. 陶瓷墙砖的质量应符合现行国家标准《建筑

材料放射性核素限量》GB 6566中A类装修材料的要求。

2. 陶瓷墙砖常用产品规格尺寸见表10。

陶瓷墙砖常用产品规格尺寸表　表10

产品种类	彩釉砖	釉面砖	瓷质砖	劈离砖
规格尺寸(mm)	100×200×7	100×100×5	200×300×8	40×240×12
	150×150×7	152×152×5	300×300×9	70×240×12
	200×150×8	152×200×5	400×400×9	100×240×15
	200×200×8	100×200×5.5	500×500×11	200×200×15
	250×150×8	150×250×5.5	600×600×12	240×60×12
	250×250×8	200×250×6	800×800×12	240×240×12
	200×300×9	200×300×7	1000×1000×13	240×115×16
	300×300×9	250×330×8	1000×600×13	240×53×16
	400×400×9	300×450×8	1200×1200×13	—
	异型尺寸	异型尺寸	异型尺寸	异型尺寸

表格出处：参考国家标准图集《内装修—墙面装修》13J502—1，部分调整。

3. 适用范围

主要适用于厨房、卫生间的内墙装饰。选择陶瓷墙砖时，首先要考虑整体装修风格、空间大小、采光情况及投入的经济费用等因素。

4. 质量判定

判定陶瓷质量是否达标的标准为：吸水率不大于21%；经抗釉裂性试验后，釉面应无裂纹或剥落；破坏强度不小于600N；表面无明显色差，无可见缺陷，如无剥边、落肮、釉彩斑点、坯粉釉偻、枯釉、图案缺陷、正面磕碰等。

（四）陶瓷墙砖的施工做法

1. 粘贴陶瓷墙砖的施工做法：清洁墙体基底→刷界面剂→聚合物砂浆（根据陶瓷墙砖吸水率选择胶粘剂）→贴陶瓷墙砖（嵌缝剂填缝、修整清理）。

2. 干挂陶瓷墙砖的施工做法：初排弹线分格→确定竖向龙骨位置→安装角钢固定件→安装竖向、横向龙骨→安装金属连接件→陶瓷墙砖钻孔→安装陶瓷墙砖→紧固找平。

陶瓷砖墙面贴法见图4、图5；常用陶瓷墙砖异形配件砖见图6。

Section1
概论

墙面装修
做法综述

墙面装修
分类

装配式
成品隔墙

工程做法

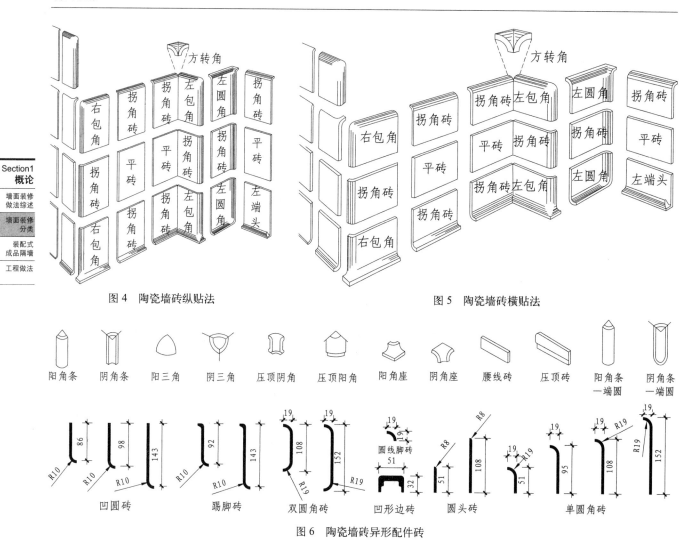

图 4　陶瓷墙砖纵贴法　　　　　　　　　　　　　　　图 5　陶瓷墙砖横贴法

图 6　陶瓷墙砖异形配件砖

五、石材墙面

（一）装饰石材的定义

装饰石材是从天然岩体中开采出来，加工成块状或板状，具有较高的强度和硬度、耐久性好、装饰性强的建筑装饰材料，常应用于现代室内空间的设计装饰。

（二）装饰石材的分类

装饰石材种类繁多，按形成途径可分为天然石材和人造石材；按运用的形态可分为条石、块石、饰面石材；按石材表面加工工艺又可分为多种类型。装饰石材的种类、组成、特点及适用范围见表11。

装饰石材的种类、组成、特点及适用范围　　　　　　　　　　　表 11

名称	组成	特点	适用范围
花岗石	天然花岗石的主要矿物组成是长石、石英和云母，其结构致密，孔隙小	花岗石的化学性质稳定，具有耐磨、抗冻、抗风化、耐酸、碱及腐蚀等特点，其化学性与二氧化硅的含量成正比，使用寿命可达200年左右。花岗石具有不导电、不导磁、场位稳定等诸多的优良性能	花岗石具有良好的装饰性能，适用于公共场所的装饰装修
大理石	大理石是由沉积岩和沉积岩的变质岩形成，通常伴随有生物遗体的纹理。主要成分是碳酸钙，颗粒细腻，表面条纹分布一般较不规则，硬度较低	大理石的耐磨性能良好，不易老化，其使用寿命一般在50～80年。大理石具有不导电、不导磁、场位稳定等特性	大理石色泽艳丽、色彩丰富，被广泛用于室内墙面的装饰
砂石	砂石又称砂粒石，是由于地球的地壳运动，砂粒与胶结物（硅质物、碳酸钙、黏土、氧化铁、硫酸钙等）经长期巨大压力压缩粘结而形成的一种沉积岩	砂石的颗粒均匀，质地细腻，结构疏松，吸水率较高，具有隔声、吸潮、抗破损、耐风化、耐褪色、水中不溶化、无放射性等特点	砂石格调素雅、温馨，常用于室内墙面装饰及雕刻艺术品用料等

续表

名称	组成	特点	适用范围
板石	板石主要成分为二氧化硅，可耐酸。根据板石成分可将板石分为碳酸盐型板石，黏土型板石，炭质、硅质板石三种类型	板石有片状或块状，颗粒细微，结构较为密实，厚度均一，硬度适中，吸水率较小。其使用寿命一般在100年左右	板石纹理素雅大方，呈自然形态，花色优美。常用于一些富有文化内涵的场所
人造石	人造大理石：由改性树脂与碎石组成	结构致密，毛孔细小，可调节色彩，利于饰面装饰，但是硬度不够，光度不一，需要防污防护	人造石功能多样，颜色丰富，广泛应用于台面类、墙柱面、门窗套与线条装饰装修
	人造花岗石：由不饱和树脂与天然大理石碎块组成	具有造型美观、色彩图案自然均匀、结构致密、耐磨性强、抗压、抗拆强度高、吸水率低等特点，弥补了天然石材色差、孔洞、裂隙、裂纹、吸水率高等缺陷	
	微晶石：由含氧化硅的矿物在高温作用下，其表面玻化而形成的一种人造石材	结构非常致密，其光度和耐磨度都优于花岗石和大理石，但由于微晶石硬度太高，且有微小气泡孔存在，不利于翻新研磨处理	

表格出处：参考国家标准图集《内装修—墙面装修》13J502—1，部分调整。

Section1
概论

墙面装修
做法综述

墙面装修
分类

装配式
成品隔墙

工程做法

（三）装饰石材常用表面做法

1. 亮面：花岗岩原材料经锯切、研磨、酸洗、抛光等加工而成的做法。

2. 粗面：原材料经锯切后，再按所需规格切割而成。切割的面材不经磨光处理，保持原始的质地风格，或表面经过特殊的加工处理后，获得独特的表面质感效果的做法。

3. 其他加工做法：对切割后不经磨光处理的坯板或已抛光处理的镜面板（局部处理）采用其他的加工方法，如剁斧、锤凿、机刨、粗磨、喷砂等，从而保持石材原始纯朴的质地风格，同时起到防滑作用，使板面无反射光。

（1）剁斧：用锤子或斧子将锯切坯板或锯切抛光板（局部）表面打毛，形成点状、线状纹理或点线状混合纹理。

（2）机刨：板材经过机械加工后，表面平整，无反射光，且有相互平行的刨纹。

（3）喷砂：表面由喷砂形成的颗粒肌理，有粗粒面和细粒面，无反射光。

（4）锯切：由排锯或圆盘锯而产生的平行、圆环形刻痕，表面无反射光。

（5）粗磨：板材经粗磨后，表面光滑，偶尔有轻微的磨痕和反射光。

（四）装饰石材的选用

1. 花岗石或大理石做饰面材料时，所选用石材必须质地密实。

2. 石材加工应符合现行国家标准《天然花岗石建筑板材》GB/T 18601、《天然大理石建筑板材》GB/T 19766 的相关要求，板材的尺寸允许偏差应符合国家标准中优等品的要求。

3. 石材的镜面光泽度：光泽度指饰面板材表面对可见光的反射程度。在石材标准中，光泽度被称为镜面光泽度。现行天然花岗石板材标准规定，镜面板材的正面应具有镜面光泽，能清晰地反映出景物。镜面板材的镜面光泽度值应不低于80光泽单位，或按供需双方协议样板执行。

（五）装饰石材的施工做法

1. 墙、柱干挂石材饰面施工工艺流程：干挂石材施工主要有短槽式、钢针式和背栓式等工艺流程。

（1）短槽式工艺流程：找规矩、放线→龙骨固定和连接→石板开槽→挂件安装→石板安装→打胶擦缝。

（2）钢针式工艺流程：找规矩、放线→龙骨固定和连接→石板开洞→挂件安装→石板安装→打胶擦缝。

（3）背栓式工艺流程：找规矩、放线→龙骨固定和连接→石板钻孔→挂件安装→石板安装→打胶擦缝。

2. 湿（挂）贴石材饰面施工工艺流程：钻孔剔槽→穿铜丝或镀锌钢丝→弹线—焊钢筋网→石材刷防护剂→基层准备→安装石板材→分层灌浆→擦缝、清洁。

3. 胶粘石材饰面施工工艺流程：基层处理→分层抹底灰→底灰毛化处理→养护干透→弹分块线→刷石材防护剂→粘贴石材饰面板→擦缝、清洁。

六、金属装饰板墙面

（一）金属装饰板定义

金属装饰板是采用金属板为基材，经过加工成型后，表面喷涂装饰性涂料的一种装饰材料，具有良好的装饰性、耐久性，防水、防污、防火、防蚀、加工性能好，易于施工和维护，广泛应用于机场、酒店、商场、办公等建筑的墙面装饰中。

（二）金属装饰板分类

常见的金属装饰板种类很多，有金属板和金属复合板两大类。其种类、特点及适用范围见表12。

常用金属装饰板的种类、特点及适用范围 　　　　　　表12

名称	种类	特点		适用范围
铝单板	—	铝单板重量轻、刚性好、防水、防污、防火、防蚀、加工性能好、维护费用低、使用寿命长。可根据设计要求生产各种异形板，表面可喷涂成多种颜色，安装施工方便快捷，可回收利用，有利于环保		适用于内、外墙装饰
泡沫铝板	—	密度小、质轻、高比刚度、高阻尼减震性能及冲击能量吸收率、耐高温、防火性能强、耐腐蚀、隔声降噪、导热率低、电磁屏蔽性高、耐候性强、有过滤能力、易加工、易安装、成形精度高、可进行表面涂装		适用于内、外墙装饰
铝合金装饰板（铝合金压型板）	铝及铝合金波纹板	耐腐蚀、不燃、表面光洁	选用纯铝L5（1100）、铝合金LF2（3003）为原料，经辊压冷加工成各种波形的金属板材。具有重量轻、易加工、强度高、刚度好、经久耐用，便于运输和施工，以及防火、防潮、耐腐蚀等特点。另外，可以采用阳极氧化或喷漆处理等方法着上各种颜色	适用于内、外墙装饰
	铝合金花纹板	不易磨损、防滑、耐腐蚀、易冲洗，并有多种图案和形状		适用于内墙装饰
	铝及铝合金冲孔平板	强度高、重量轻、防火、耐腐蚀、构造简单、拆装方便		适用于内、外墙装饰
钢板	塑料复合钢板	以冷轧钢板、电镀锌钢板或热镀锌钢板为基板，经过表面脱脂、磷化、铬酸盐等处理后，涂上有机涂料经烘烤而成，具有强度高、易加工、耐腐蚀和装饰性强等特点		适用于内、外墙装饰
	彩色涂层钢板			
	彩色镀锌钢板			
金属网	钢板网（拉网）	质轻、防腐性与耐久性好、抗拉强度高、防静电、防火、易造型、强度大、结实耐用		适用于内、外墙装饰
	钢丝网（编制网）			
镁铝曲面装饰板	—	采用优质酚醛树脂纤维板、镁铝合金箔板、底层板为原料，经基层砂光、胶粘剂贴合和电热烘干，刻沟、涂沟而制成的产品；具有金属光泽和耐磨、耐热、耐水的良好性能，及可钉、可拆、可刨、可弯、可剪的加工性		适用于室内墙面、柱面、造型面装饰
不锈钢装饰板	彩色不锈钢装饰板	在不锈钢上进行化学浸渍着色处理，耐腐蚀性强	是一种特殊用途的钢材，耐腐蚀，易加工成形，装饰效果好	适用于室内墙面、柱面、造型面装饰
	镜面不锈钢装饰板	将普通不锈钢板经高精度的磨光和特殊的抛光处理，平滑光亮如镜		
	浮雕不锈钢装饰板	根据浮雕花纹的深浅可分为两种，表面不仅具有光泽而且还有立体感，是经辊压、研磨、腐蚀和雕刻而成，工序较复杂，价格也比较昂贵		
金属蜂窝板	铝合金、铜、锌、不锈钢等蜂窝板	面板大、平整度高、重量轻、强度高、可定制，盒式结构，安装简便		适用于室内墙装饰
搪瓷钢板	亚光搪瓷钢板、高光搪瓷钢板	强度高、耐磨、耐紫外线、防刻划、防水、防污、防火、防蚀、易清洁、美观、无毒、无辐射、加工性能好、维护费用低、使用寿命长、安装方便等		适用于室内外墙面、柱面装饰

表格出处：参考国家标准图集《内装修—墙面装修》13J502—1，部分调整。

（三）金属装饰板的选用

金属装饰板材适用于大型公共建筑、商业建筑、厂房、车库等建筑工程墙面装饰。金属装饰板的种类很多，规格形式多样。在选用时可根据建筑功能需要、空间大小及装饰效果，选用不同规格尺寸、不同质感和纹理的金属装饰板。金属装饰板易于弯曲及异形加工，适合特殊空间造型需要。

（四）金属装饰板的施工做法

1.金属板施工做法：放线→固定角钢固定件→固定竖向龙骨→安装配套槽铝→安装金属装饰板→填

缝→清洁→验收。

2. 金属蜂窝板的施工做法：测量放线→固定角钢固定件→固定基层龙骨→安装固定件→安装金属蜂窝板→填缝→清洁→验收。

3. 搪瓷钢板的施工做法：校对、调整施工图→测量放线→角钢固定件安装→龙骨、挂钩安装→搪瓷钢板安装→清洁→验收。

4. 铝单板的施工做法：校对、调整施工图→测量放线→预埋件施工→主龙骨安装→防腐处理→隐蔽验收→铝单板安装→密封胶→清洁→验收。

七、装饰玻璃墙面

（一）装饰玻璃的定义

建筑装饰玻璃是以石英砂、纯碱、长石、石灰石等为主要原料，经熔融、成型、冷却、固化后得到的透明固体材料。广泛应用于建筑物门窗、家具、橱窗展示、装饰隔墙及隔断等。

（二）装饰玻璃的分类

常用玻璃种类、规格、特点及适用范围见表13。

（三）装饰玻璃的选用

室内装修中建筑装饰玻璃的选用应根据装饰部

Section1
概论

墙面装修
做法综述

墙面装修
分类

装配式
成品隔墙

工程做法

玻璃种类、规格、特点及适用范围　　　　　表 13

名称	种类	产品规格（mm）	特点	适用范围
普通玻璃	普通平板玻璃	常用厚度为 3～6，加厚有 8～19，长宽规格较多一般不低于 1000×1200	具有良好的透视透光、隔声、耐酸碱、耐雨淋等特点，但质脆、怕敲击、怕强震。按厚度可分为薄玻璃、厚玻璃、特厚玻璃，透光率在82%～90%之间	常用于各种家具、建筑门窗
	镜面玻璃	镜面玻璃与平板玻璃规格一致，厚度通常为 4～6	镜面玻璃对光线有较强的反射能力，是普通平板玻璃的 4～5 倍以上，可增加室内的明亮度和空间延伸感，使光线柔和、舒适	
安全玻璃	钢化玻璃	规格与平板玻璃一致，厚度通常为 6～15	—	主要用于淋浴房、玻璃家具、无框玻璃门窗、装饰玻璃隔墙、橱窗展示、玻璃装饰幕墙等部位
	夹层玻璃	规格与平板玻璃一致，厚度通常为 4～15	一般采用钢化玻璃加工，具有良好的安全性，破碎时玻璃碎片不零落飞散，只产生辐射状裂纹，不至于伤人。具有耐光、耐热、隔声、减弱太阳光的透射、降低制冷能耗等性能	
	夹丝玻璃	产品规格 600×400 至 2000×1200 之间		
装饰玻璃	彩色玻璃	玻璃马赛克一般规格为 20×20、30×30、40×40，厚度为 4～6，其余种类规格与平板玻璃一致	在普通平板玻璃的基础上通过染色、磨砂、刻花、压花、热熔等特殊工艺加工而成	因其兼具使用和装饰功能，广泛用于宾馆、大厦、办公楼、医院等墙面、隔断与家具装饰中
	釉面玻璃			
	玻璃马赛克			
	压花玻璃			
	磨砂玻璃			
	镭射玻璃			
	彩绘玻璃			
玻璃砖	玻璃空心砖	产品规格较普通砖更丰富、灵活，厚度通常有 80/95/100/115/145	具有采光、隔声的效果，分割空间时并有延续空间的感觉，可单块镶嵌使用，也可整片墙面使用	室内装饰墙面与隔断
	玻璃实心砖			

表格出处：参考国家标准图集《内装修—墙面装修》13J502—1，部分调整。

位、面积大小的不同，选择适合的玻璃种类、厚度，除满足设计要求外，还应满足现行国家标准《建筑玻璃应用技术规程》JGJ 113 的相关规定。

（四）装饰玻璃的施工做法

1. 干粘玻璃墙面施工工艺做法：墙面定位弹线→钻孔安装角钢固定件→固定竖向龙骨→固定横向龙骨→安装基层板→粘贴釉面钢化玻璃。

2. 干挂（点式）玻璃墙面施工工艺做法：测量放线→支座和竖向钢龙骨的定位、安装与检测→配重检测→安装玻璃→安装检测→注胶及外立面清洗。

3. 玻璃砖墙施工工艺做法：隔墙定位放线→踢脚台施工→检查预埋件→玻璃砖砌筑→勾缝→饰边。

4. 镜面工程施工工艺做法：基层处理→立筋→铺设衬板→镜面切割→镜面钻孔→镜面固定。

Section1
概论

墙面装修
做法综述

墙面装修
分类

装配式
成品隔墙

工程做法

八、装饰吸声板墙面

（一）装饰吸声板定义

装饰吸声板是一种具有吸声减噪作用的板状装饰材料；有织物吸声板、木质吸声板、穿孔石膏板、木丝板、聚酯纤维吸声板等；主要用于音乐厅、会堂、影剧院、会议室、宴会厅等场所。

（二）装饰吸声板的分类

装饰吸声板的名称、组成、种类及特点见表14。

装饰吸声板的名称、组成、种类及特点　　　　　　　　　　　　　　表14

名称	组成	种类	特点
织物（或皮革）吸声板（软包）	是一种在内墙表面用织物（皮革）类柔性材料加以包装的墙面装饰	布艺软包和皮革软包	吸声、防静电、防撞、质地柔软、色彩柔和、能够柔化和美化空间
木质吸声板	根据声学原理精密加工而成，由木饰面、芯材和吸声薄毡组成	槽木吸声板和穿孔木声板	材质轻、不变形、强度高、造型美观、色泽优雅、装饰效果好、立体感强、组装简便
穿孔石膏板	由建筑石膏、特制覆面纸经特殊加工的石膏板通过穿孔的形式加工而成	覆膜和纸面穿孔石膏板	有效调节室内空气舒适度，具有良好的吸声性能和良好的韧性，可做弯曲造型，有多种孔型可供选择
木丝板	由天然木丝、菱镁矿和水胶凝而成。将选定的晾干木料刨成细长木丝，在规定时间内固化陈放，再与菱镁矿或水泥压制而成。属于多孔式吸声材料	木质木丝板和水泥木丝板	耐久性强、抗冲击性强、抗菌耐潮湿强、稳定性强、膨胀或收缩率小、吸声性能好、节能保温；菱镁矿无碱性腐蚀，不破坏表面颜料，延长使用寿命
聚酯纤维吸声板	采用100%聚酯纤维为原料，经过热压融合并以茧棉形状制成。利用热处理方法加工成各种密度的制品，集吸声、隔热及装饰为一体的新型室内装修材料	聚酯纤维吸声板	装饰、保温、阻燃、轻质、易加工、稳定、抗冲击、维护简便、环保、可循环利用

表格出处：参考国家标准图集《内装修—墙面装修》13J502—1，部分调整。

（三）装饰吸声板的施工做法

1. 装饰吸声板方钢龙骨施工流程：墙面定位弹线→钻孔安装角钢固定件→固定竖向龙骨→固定横向龙骨→安装面层。

2. 织物吸声板墙面施工要点：

（1）基层板的安装：首先在结构墙龙骨骨架上铺阻燃板。

（2）弹线：根据设计图纸要求，通过吊直、套方、找规矩、弹线等工序，把实际设计尺寸与造型落实到墙面上。

（3）计算用料、套裁填充料和面料：首先根据设计图纸的要求，确定软包墙面的具体做法。一是直接铺贴法。此操作比较简便，但对基层板的平整度要求较高。二是预制铺贴镶嵌法。要求横平竖直、不得歪斜、尺寸准确等。然后按照设计要求进行用料计算和底材（填充料）、面料套裁工作。要注意同一墙面、同一图案与面料必须用同一卷材料和相同部位（含填充料）套裁面料。

（4）粘贴面料：采用直接铺贴法施工时，应待墙面细木装修基本完成达到施工要求后，方可粘贴面料；如果采用预制铺贴镶嵌法，首先裁切与设计要求相同规格的板材，订制边框，内填超细玻璃丝棉。裁切布料、花纹及纹理方向按要求对好，用钉子固定在预制木板上，做成标准规格的软包块，用射钉把预制块按要求由上至下固定在基层板上。

3. 木质吸声板墙面施工要点：

（1）条形板的安装：

1）采用专用木质吸声板安装配件横向安装，凹口朝上并用安装配件安装，每块木质吸声板依次相接。木质吸声板竖直安装，凹口在右侧，则自左用同样的方法安装。两块木质吸声板端要留出不小于3mm的缝隙。对木质吸声板有收边要求时，可采用收边线条对其进行收边，收边处用螺丝固定。对右侧、上侧的收边线条安装时预留1.5mm，并可采用硅胶密封。墙角处木质吸声板安装有两种方法，密拼或用线条固定。

2）木质吸声板的安装顺序，可选择由左至右、由下至上的原则。部分实木吸声板对花纹有要求的，每个立面应按照实木吸声板上事先编制好的编号依次由小到大进行安装。实木吸声板的编号遵循由左至右、由下至上、数字依次由小到大。

（2）方板的安装：

1）在龙骨上铺装阻燃板，阻燃板分条板横向铺装，板宽不小于100mm，条板间距根据面板的挂点确定。

2）安装金属连接件：根据面板的挂板挂件位置，在阻燃板上固定金属连接件。

3）安装木质吸声板：由下至上排布安装，面板纹理、颜色应一致，板缝按设计要求确定。

4. 穿孔石膏板吸声墙面施工要点：

（1）安装前需用倒角器对板边处理，穿孔石膏板固定在竖向轻钢龙骨上，用25mm的自攻螺钉固定，间距不大于200mm，在孔中间小心固定，不破坏纸面嵌入板内，穿孔石膏板与轻钢龙骨垂直安装。

（2）穿孔石膏板应对缝排列：先长边、后短边，按放射线方向逐板依次安装。利用直线和对角线来控制孔的规则性；需要时用对孔器来控制相邻板的距离，留3mm缝隙以便做接缝处理（仅适用于规则圆孔的穿孔石膏板）。

（3）边缘不规则时会出现不完整的孔，处理方法：用接缝料将孔堵住。

（4）用专用接缝材料补平自攻螺钉位置。

（5）接缝：组装完成后，清理板缝，用刷子在板缝部位涂刷界面剂。接缝处理采用专用无需纸带接缝料（接缝温度不小于10℃），使用时轻轻挤压，使接缝材料渗透全部深度，刮去多余接缝料部分，不要破坏纸面。第一层干燥后，涂抹第二层，并用刮刀刮平，保证接缝处被完整填充。当接缝处理完成后需打磨平整。

（6）终饰：用稀释后的底漆平衡接缝处和板之间的吸收水平，然后用乳胶漆涂饰。

5. 木丝板吸声墙面施工要点：

（1）将木丝吸声板照板材尺寸横向排布，竖向用自攻螺钉固定，间距不大于300mm，距板边50mm；横向自攻螺钉间距根据龙骨间距均匀排布。自攻螺钉应嵌入板材，以便对饰面进行处理。

（2）采用木丝纹理饰面板时，应按照板材边角标记进行对应安装后自然拼接，以保证木丝纹理的延续性。

（3）木丝吸声板安装应由下至上，沿长方向排板。

（4）木丝吸声板完成面处理：木丝吸声板由自攻螺钉机械固定在轻钢龙骨之上，钉眼位置需用菱铁矿粉（水泥基采用水泥）补平，接缝处可选不同边形自然拼接，不做处理。需要裁切时，用砂纸对板材边缘进行打磨后再用菱镁矿粉（水泥基采用水泥）修补。饰面可做颜色喷涂或彩绘处理，要求颜料对木丝吸声板表面无腐蚀作用。

Section1
概论

墙面装修
做法综述

墙面装修
分类

装配式
成品隔墙

工程做法

九、其他

（一）GRG、GRC挂板

1. GRG、GRC挂板的定义

（1）GRG是玻璃纤维加强石膏板。是一种特殊改良纤维石膏装饰材料，具有抵御外部环境造成的破损、变形和开裂的能力。

（2）GRC是玻璃纤维增强水泥板。采用低碱硫（铁）铝酸盐特种水泥为胶凝主材料，以含高氧化锆的抗（耐）碱玻璃纤维布、纤维丝为主增强材料，辅以其他配方材料，通过机械喷射、预混、铺网抹浆、混合等工法一次喷射成型的一种高强度、抗老化的复合材料。

2. GRG、GRC挂板的特点

（1）GRG具有强度高、质量轻、不变形、表面光滑、装饰效果佳、施工方便、损耗低、防火、防水、环保和良好的声学性能，表面光洁平滑呈白色，白度达到90%以上，并且可以和各种涂料及饰面材料良好地粘结，形成独特的装饰效果，且环保安全。

（2）GRC具有耐冲击、强度高、耐久性好、抗老化、防止龟裂、阻燃、无异味、环保安全等特点。

3. GRG、GRC挂板的分类

（1）GRG可定制单曲面、双曲面、三维覆面各种几何形状，以及镂空花纹、浮雕图案等任意艺术造型。

（2）GRC按形状分为浮雕、造型板、平板等；按厚度分为薄板型、中厚板型、异形。

4. GRG、GRC挂板的施工做法

GRG、GRC挂板施工工艺流程：放样→板材安装→机电预留孔位→批嵌涂料饰面。

（二）陶板、陶棍

1. 陶板、陶棍的定义

陶板、陶棍是以天然陶土为主要原料，添加少量石英、浮石、长石及色料等其他成分，经过高压挤出成型、低温干燥及1200℃的高温烧制而成的新型建筑装饰材料。

2. 陶板、陶棍的分类

陶板、陶棍的名称、种类、规格、特点及适用范围见表15。

陶板、陶棍的名称、种类、规格、特点及适用范围

表15

名称	种类	产品规格（mm）	特点	适用范围
陶板	单层陶板	长度有300/600/900/1200等；宽度有250/300/450/500等；厚度有15/18/30	具有庄重的艺术感、耐久性能好、颜色历久弥新、更换容易、质量容易控制、施工简单、施工成品刚度大、抗腐蚀性强、抗冲击力强、自重较轻	室内、外墙面
	双层中空式陶板			
陶棍	又称陶土百叶	长度有300/500/600/900/1200等；宽度有50/85等；厚度有40/50		室内、外墙面

表格出处：参考国家标准图集《内装修—墙面装修》13J502—1，部分调整。

3. 陶板、陶棍的选用

（1）金属龙骨骨架及构件均应符合设计要求，满足现行国家标准的相关规定。

（2）陶板可根据设计要求定制尺寸，单块面积不宜大于0.8m²。陶板吸水率应小于11%，弯曲强度不应小于9.0MPa，并应具有相关年限的质量保证书。

4. 陶板、陶棍的施工做法

陶板的施工流程：放线→安装角钢固定件→安装竖向龙骨→安装金属横梁→安装陶板→墙面清洗。

（三）复合装饰材料

1. 复合装饰材料的定义

复合装饰材料是一种工业化生产的新一代高性能建筑内隔板，由多种建筑材料复合而成。

复合装饰材料的优点：代替了传统的砖瓦，具有强度高、重量轻、环保、保温、隔热、隔声、防火、防潮及安装快捷等综合优点，是现代建筑理想的节能型墙体材料。

复合装饰材料的做法：复合墙板的材料采用普通硅酸盐水泥、沙和粉煤灰或其他工业废弃物，如水渣、炉渣等，作为细骨料，再加入聚苯乙烯颗粒和少量的无机化学助剂，配合全自动高效率强制轻集料专用搅拌系统，在搅拌过程中引入空气形成芯层蜂窝状稳定气孔进一步来减轻产品容重，既降低了材料成本，又能达到理想的保温和隔声效果。

2. 复合墙板材料的适用范围

（1）适用于分室隔声有较高要求的场所或部位，如酒店、KTV、学校、医院等。

（2）对施工有限制要求的场所或部位，如商场隔墙、二次翻新隔墙。

（3）对减轻墙体荷载有要求的场所或部位，如超高墙、轻钢房屋、钢结构、装配式房屋。

（4）对防火有特殊要求的场所或部位，如管道井、防火墙、大型厨房。

（5）对施工进度有要求的场所或部位。

（6）对防潮防水有特别要求的场所或部位，如浴室、洗手间、厨房、户外等。

（7）对钉挂粘贴附着有要求的场所或部位，如公装、家装、内外墙等各类常规隔墙。

3. 复合装饰材料的分类

复合装饰墙板是一种工业化生产的新一代高性能建筑内隔板，由多种建筑材料复合而成。其分为金属复合板和非金属复合板。金属复合板是指在一层金属上覆以另外一种金属的板子，已达到在不降低使用效果的前提下节约资源、降低成本的效果。常见的金属复合板有：钛钢复合板、铜钢复合板、钛锌复合板、钛镍复合板、镍钢复合板、铜铝复合板、镍铜复合板等。非金属复合板又分为石材复合板，木塑复合板，岩棉复合板等。

石材复合板指超薄石材复合板，由两种及以上不同板材用胶粘剂粘接而成。面材为天然石材，基材为瓷砖、石材、玻璃或铝蜂窝等，具有重量轻、强度高、抗污染能力高、易控制色差、安装方便、突破禁区、隔声防潮、节能降耗、降低成本等优点。

玻璃与石材的复合装饰板材，是用厚度为1～8mm的薄型天然石材与薄型玻璃板粘结而成的；广泛适用于宾馆、酒店、商务大厦、歌舞厅、咖啡厅等场所；用于制作透光幕墙、顶棚、透光家具、各种台面、透光灯罩、灯饰、灯柱、工艺品等，具有独特的装饰效

Section1
概论

墙面装修
做法综述

墙面装修
分类

装配式
成品隔墙

工程做法

果；可在居室装修中制作透光吊顶、透光背景墙、异型灯饰。

铝蜂窝板与石材的复合装饰板材，是一种夹层结构的新型复合材料，是航空、航天材料在建筑领域的应用，其由上下两层铝板通过胶粘剂或胶膜与铝蜂窝芯复合而成，既保持了天然石材的绿色、环保、回归自然的时尚装饰效果，又克服了天然石材易碎、重量大等缺点，是一种更具优越性和应用领域更广泛的新一代建筑石材产品。

陶瓷与石材的复合装饰板材，是由天然石材和陶瓷板复合而成的一种高端室内装饰材料。具备天然大理石的优点，奢华大气、纹理自然灵动、质感天成，同时避免了大理石的一些缺陷，相对而言，花色更统一、防水抗污能力强、强度更高、重量更轻、安装更方便，能有效避免返碱、渗污、开裂等缺点。

（四）墙裙

墙裙亦称"台度""护壁"，是指室内墙面或柱身的下部，借以保护墙面、柱面免受污染或损坏，并起装饰作用的装修部分。在材料上通常选用耐磨、耐腐蚀、可擦洗等方面优于原墙面的材质。常用的墙裙材料有水泥砂浆、水磨石、瓷砖、大理石、木材或涂料等。

第三节　装配式成品隔墙

装配式成品隔墙是采用装配式隔墙材料现场组装的自承重隔墙，由工厂预制生产预制构件（主要包括装配式隔墙型材、装配式隔墙饰面等），在现场采用干作业施工工艺，对构件、部品或材料进行建造的一种新型环保墙面装饰材料。

一、装配式成品隔墙的特点

1. 保温隔热：该种隔墙具有很好的保温隔热效果，能够起到冬暖夏凉的作用，也是国家大力提倡的节能做法。

2. 防火隔声：经国家权威部门检测，其防火性能等级达到 B_1 级，隔声达 29 分贝，相当于实墙的隔声效果。

3. 超强硬度且防水防潮：该种隔墙具有非常强的硬度和较好的防水防潮性能，能够适用于各种不同的场合。

4. 绿色环保：该种隔墙无辐射、无甲醛、无异味、环保性好，不会产生危害人体的物质，安装好后可随时搬入使用。

5. 便于安装：采用扣板安装方式，不需要专业人员就可以安装，省工省时、节约成本。

6. 易于清洁不变形：该种隔墙还具有不变形、不老化、易擦洗、打理方便、使用寿命长等特点。

二、装配式成品隔墙的应用

（一）常用装配式成品隔墙的分类

装配式成品隔墙根据组成材料可分为铝合金成品隔墙、竹木纤维成品隔墙、生态铝成品隔墙、高分子成品隔墙和生态石材成品隔墙等。

（二）装配式成品隔墙的构造做法及性能特点

装配式成品隔墙的构造做法及性能特点见表16。

装配式成品隔墙的构造做法及性能特点　　　　表16

隔墙符号	隔墙类别	隔墙构造	极限高度（mm）	极限模数（mm）	墙厚（mm）	计权隔声量RW（dB）	单位重量（kg/m²）	饰面环保等级	饰面燃烧性能
S01-01	TVO实木饰面隔墙	全钢72标准龙骨、6mm影条实木皮＋刨花板内填50mm厚岩棉	结构高：4500 标高：3000	1200	100	45	28	E_1	A_2
S01-02	TVO实木饰面隔墙（加强）	全钢72标准龙骨、6mm影条实木皮＋刨花板内填50mm厚岩棉	结构高：6000 标高：3000	1200	100	45	28	E_1	A_2

续表

隔墙符号	隔墙类别	隔墙构造	极限高度(mm)	极限模数(mm)	墙厚(mm)	计权隔声量RW(dB)	单位重量(kg/m²)	饰面环保等级	饰面燃烧性能
S02-01	TF实木饰面隔墙	全钢72标准龙骨、Ω型材、Ω填充件 实木皮+刨花板 内填50mm厚岩棉	结构高:4500 标高:3000	1200	100	45	28	E₁	A₂
S02-02	TF实木饰面隔墙（加强）	全钢72标准龙骨、Ω型材、Ω填充件 实木皮+刨花板 内填50mm厚岩棉	结构高:6000 标高:3000	1200	100	45	28	E₁	A₂
S03-01	TFL实木饰面隔墙	全钢72标准龙骨、Ω型材、Ω盖条 实木皮+刨花板 内填50mm厚岩棉	结构高:4500 标高:3000	1200	100	45	28	E₁	—
S03-02	TFL实木饰面隔墙（加强）	全钢72标准龙骨、Ω型材、Ω盖条 实木皮+刨花板 内填50mm厚岩棉	结构高:6000 标高:3000	1200	100	45	28	E₁	A₂
T01-01	TF双磨砂玻隔墙（加强）	全钢72标准龙骨、Ω型材、Ω填充件、V玻璃框 6mm/8mm/10mm/12mm钢化磨砂玻璃	结构高:6000 标高:3000	1200	100	45	46	E₁	A₂
T01-02	TF双磨砂玻隔墙	全钢72标准龙骨、Ω型材、Ω填充件、V玻璃框 6mm/8mm/10mm/12mm钢化磨砂玻璃	结构高:4500 标高:3000	1200	100	45	45	E₁	A₂
T02-01	TFL双磨砂玻隔墙（加强）	全钢72标准龙骨、Ω型材、Ω填充件、V玻璃框 6mm/8mm/10mm/12mm钢化磨砂玻璃	结构高:6000 标高:3000	1200	100	45	46	E₁	A₂
T02-02	TFL双磨砂玻隔墙	全钢72标准龙骨、Ω型材、Ω填充件、V玻璃框 6mm/8mm/10mm/12mm钢化磨砂玻璃	结构高:4500 标高:3000	1200	100	45	45	E₁	A₂
T03-01	TVO双背漆玻隔墙	全钢72标准龙骨、玻璃悬挂型材、6mm影条 8mm/10mm钢化背漆玻璃+3M强力胶带	结构高:4500 标高:3000	1200	100	45	46	E₁	A₂
T03-02	TVO双背漆玻璃隔墙（加强）	全钢72标准龙骨、玻璃悬挂型材、6mm影条 8mm/10mm钢化背漆玻璃+3M强力胶带	结构高:6000 标高:3000	1200	100	45	48	E₁	A₂
T04-01	TFLE双玻璃隔墙	全钢72标准龙骨、Ω型材、Ω盖条、V玻璃框 10mm/12mm钢化清玻	结构高:6000 标高:3000	1200	100	45	60	E₁	A₂

续表

隔墙符号	隔墙类别	隔墙构造	极限高度（mm）	极限模数（mm）	墙厚（mm）	计权隔声量RW（dB）	单位重量（kg/m²）	饰面环保等级	饰面燃烧性能
T05-01	TC单玻璃隔墙	全钢72标准龙骨、Ω型材、Ω盖条、V玻璃框 10mm/12mm钢化清玻	结构高：4500 标高：3000	1200	100	45	32	E₁	A₂
T06-01	TSC单玻璃隔墙	全钢TSC底轨、F型材、Ω盖条、尼龙TSC填充件 12mm钢化玻璃＋3M玻璃连接带	结构高：3000 标高：3000	1200	100	45	22	E₁	A₂
T07-01	单玻半高隔墙	全钢50竖龙骨、TSC底轨、F型材、Ω盖条、尼龙TSC填充件、有顶框12mm钢化玻璃	标高：2400	3600	50	—	38	E₀	A₂
D01-01	TVO实木饰面单侧挂墙	全钢20龙骨系统、6mm影条实木饰面板	标高：3000	1200	50～100		13	E₁	—
D01-02	TVO防火实木饰面单侧挂墙	全钢20龙骨系统、6mm影条实木饰面板	标高：3000	1200	50～100		18	E₁	A₂
D02-01	TF实木饰面单侧挂墙	全钢20龙骨系统、Ω型材、Ω填充件、实木饰面板	标高：3000	1200	50～100		13	E₁	—
D02-02	TF防火实木饰面单侧挂墙	全钢20龙骨系统、Ω型材、Ω填充件、实木饰面板	标高：3000	1200	50～100	—	18	E₁	A₂
TCW-01	TCW双清玻隔墙	木质TCW竖龙骨 6mm/8mm钢化清玻	结构高：2400 标高：2400	1200	100	45	48	E₁	—
TCW-02	TCW单清玻隔墙	木质TCW竖龙骨 6mm/8mm钢化清玻	结构高：2400 标高：2400	1200	100	45	26	E₁	—

注：此表由驰瑞莱工业（北京）有限公司提供。

（三）装配式成品隔墙施工及验收

1. 找位与弹线：木护墙板安装前应根据设计图集要求，事先找好标高、平面位置、竖向尺寸进行弹线。

2. 核查预埋件及洞口：弹线后检查预埋件、木砖或木楔是否符合设计要求，排列间距尺寸、位置是否满足钉装龙骨的要求；测量门窗及洞口位置尺寸是否方正垂直且与设计要求是否相符。

3. 铺、涂防火层：设计有防火要求时，木护墙、木龙骨安装必须找方、找直，骨架与木砖间的空地应垫木垫，每块木砖至少用2个钉子钉牢，再装钉龙骨时应预留出板面厚度。木龙骨与墙体接触面要进行防腐处理，其余三面进行不少于两遍的防火涂料的处理。

4. 集成墙面安装完成后进行验收：要求平板材料接缝整齐，收口处完全不影响美观，材料固定牢固，颜色搭配合理，折叠处成直角，光滑平整美观。

第四节　工程做法

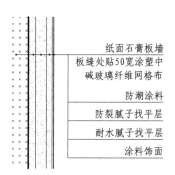

纸面石膏板墙
板缝处贴50宽涂塑中
碱玻璃纤维网格布
防潮涂料
防裂腻子找平层
耐水腻子找平层
涂料饰面

① 涂料（纸面石膏板）

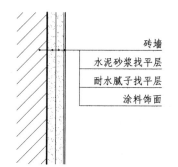

砖墙
水泥砂浆找平层
耐水腻子找平层
涂料饰面

② 涂料（砖墙）

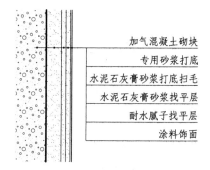

加气混凝土砌块
专用砂浆打底
水泥石灰膏砂浆打底扫毛
水泥石灰膏砂浆找平层
耐水腻子找平层
涂料饰面

③ 涂料（加气混凝土砌块墙）

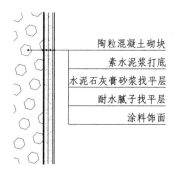

陶粒混凝土砌块
素水泥浆打底
水泥石灰膏砂浆找平层
耐水腻子找平层
涂料饰面

④ 涂料（陶粒混凝土砌块墙）

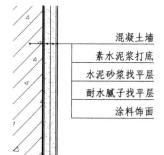

混凝土墙
素水泥浆打底
水泥砂浆找平层
耐水腻子找平层
涂料饰面

⑤ 涂料（混凝土墙）

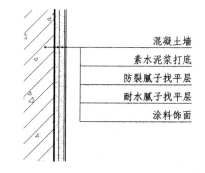

混凝土墙
素水泥浆打底
防裂腻子找平层
耐水腻子找平层
涂料饰面

⑥ 涂料（大模混凝土墙）

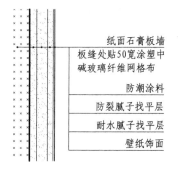

纸面石膏板墙
板缝处贴50宽涂塑中
碱玻璃纤维网格布
防潮涂料
防裂腻子找平层
耐水腻子找平层
壁纸饰面

⑦ 壁纸（纸面石膏板）

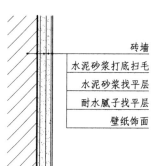

砖墙
水泥砂浆打底扫毛
水泥砂浆找平层
耐水腻子找平层
壁纸饰面

⑧ 壁纸（砖墙）

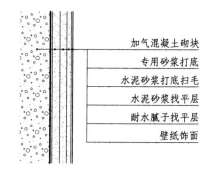

加气混凝土砌块
专用砂浆打底
水泥砂浆打底扫毛
水泥砂浆找平层
耐水腻子找平层
壁纸饰面

⑨ 壁纸（加气混凝土砌块墙）

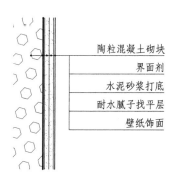

陶粒混凝土砌块
界面剂
水泥砂浆打底
耐水腻子找平层
壁纸饰面

⑩ 壁纸（陶粒混凝土砌块墙）

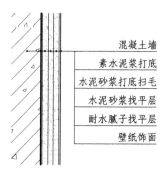

混凝土墙
素水泥浆打底
水泥砂浆打底扫毛
水泥砂浆找平层
耐水腻子找平层
壁纸饰面

⑪ 壁纸（混凝土墙）

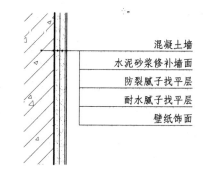

混凝土墙
水泥砂浆修补墙面
防裂腻子找平层
耐水腻子找平层
壁纸饰面

⑫ 壁纸（大模混凝土墙）

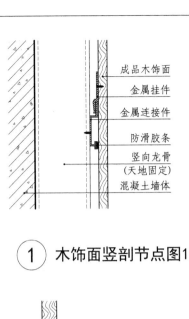

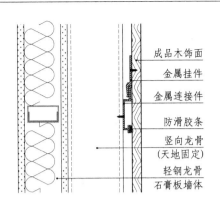

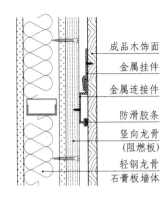

Section1
概论

墙面装修
做法综述

墙面装修
分类

装配式
成品隔墙

工程做法

① 木饰面竖剖节点图1　　② 木饰面竖剖节点图2　　③ 木饰面竖剖节点图3

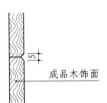

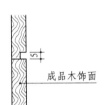

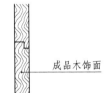

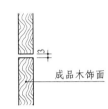

④ 木饰面接缝1　　⑤ 木饰面接缝2　　⑥ 木饰面接缝3　　⑦ 木饰面接缝4

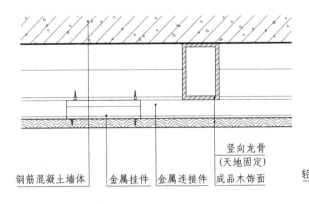

⑧ 木饰面横剖节点图1

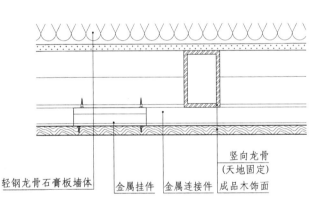

⑨ 木饰面横剖节点图2

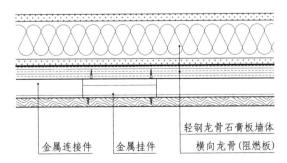

⑩ 木饰面横剖节点图3

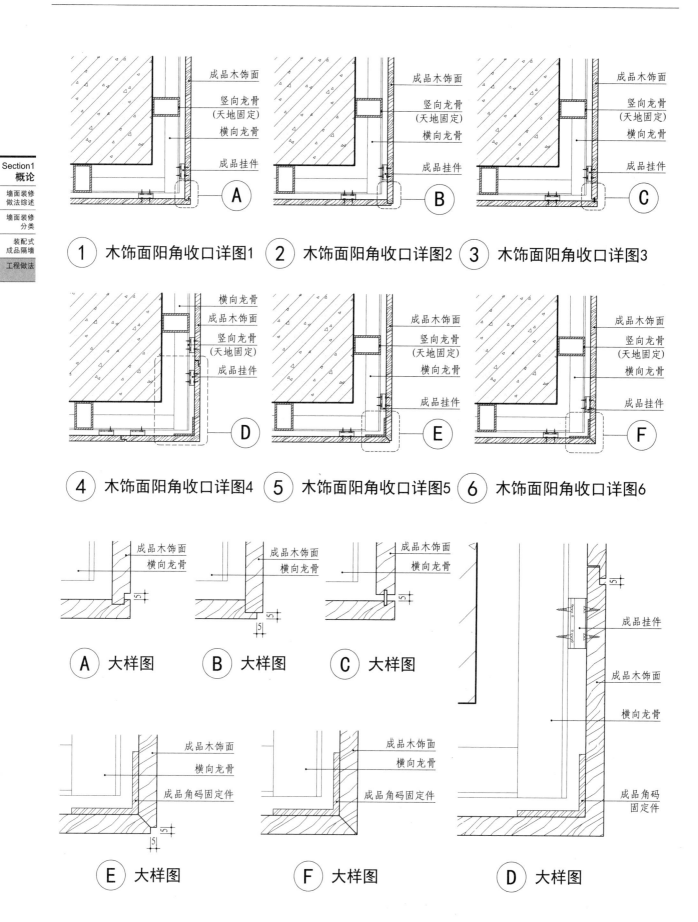

① 木饰面阳角收口详图1

② 木饰面阳角收口详图2

③ 木饰面阳角收口详图3

④ 木饰面阳角收口详图4

⑤ 木饰面阳角收口详图5

⑥ 木饰面阳角收口详图6

Ⓐ 大样图

Ⓑ 大样图

Ⓒ 大样图

Ⓔ 大样图

Ⓕ 大样图

Ⓓ 大样图

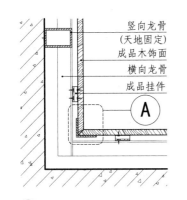

① 木饰面阴角收口详图1

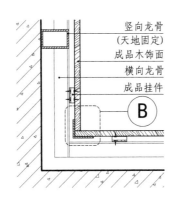

② 木饰面阴角收口详图2

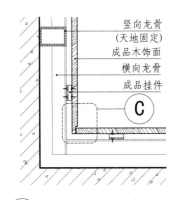

③ 木饰面阴角收口详图3

Section1
概论

墙面装修
做法综述

墙面装修
分类

装配式
成品隔墙

工程做法

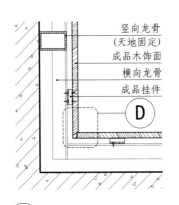

④ 木饰面阴角收口详图4

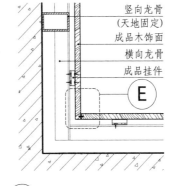

⑤ 木饰面阴角收口详图5

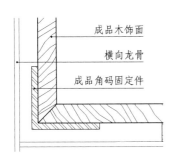

Ⓐ 大样图

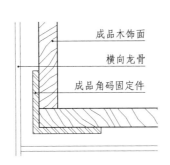

Ⓑ 大样图

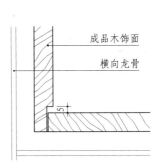

Ⓒ 大样图

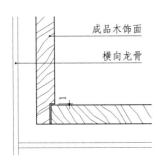

Ⓓ 大样图

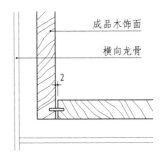

Ⓔ 大样图

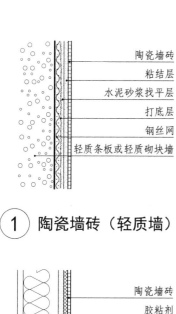

陶瓷墙砖
粘结层
水泥砂浆找平层
打底层
钢丝网
轻质条板或轻质砌块墙

① 陶瓷墙砖（轻质墙）

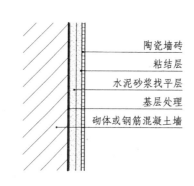

陶瓷墙砖
粘结层
水泥砂浆找平层
基层处理
砌体或钢筋混凝土墙

② 陶瓷墙砖（砌体墙）

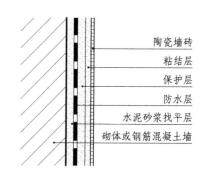

陶瓷墙砖
粘结层
保护层
防水层
水泥砂浆找平层
砌体或钢筋混凝土墙

③ 陶瓷墙砖（有防水砌体墙）

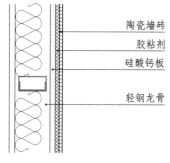

陶瓷墙砖
胶粘剂
硅酸钙板
轻钢龙骨

④ 陶瓷墙砖（轻钢龙骨墙1）

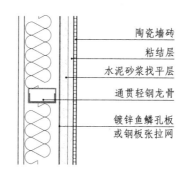

陶瓷墙砖
粘结层
水泥砂浆找平层
通贯轻钢龙骨
镀锌鱼鳞孔板
或钢板张拉网

⑤ 陶瓷墙砖（轻钢龙骨墙2）

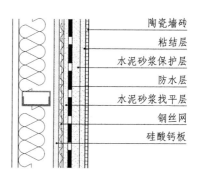

陶瓷墙砖
粘结层
水泥砂浆保护层
防水层
水泥砂浆找平层
钢丝网
硅酸钙板

⑥ 陶瓷墙砖（有防水）

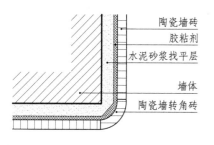

陶瓷墙砖
胶粘剂
水泥砂浆找平层
墙体
陶瓷墙转角砖

① 阳角做法1

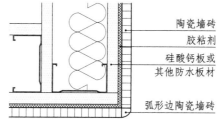

陶瓷墙砖
胶粘剂
硅酸钙板或
其他防水板材
弧形边陶瓷墙砖

② 阳角做法2

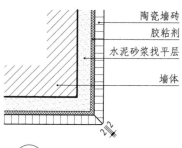

陶瓷墙砖
胶粘剂
水泥砂浆找平层
墙体

③ 阳角做法3

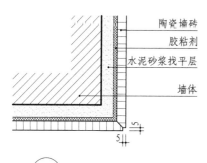

陶瓷墙砖
胶粘剂
水泥砂浆找平层
墙体

④ 阳角做法4

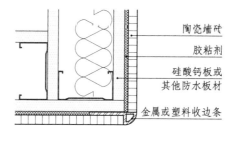

陶瓷墙砖
胶粘剂
硅酸钙板或
其他防水板材
金属或塑料收边条

⑤ 阳角做法5

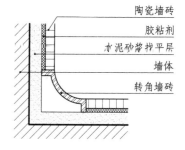

陶瓷墙砖
胶粘剂
水泥砂浆找平层
墙体
转角墙砖

⑥ 阴角做法

Section1
概论

墙面装修
做法综述

墙面装修
分类

装配式
成品隔墙

工程做法

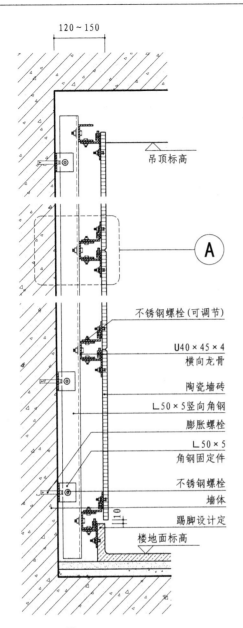

不锈钢螺栓(可调节)

U40×45×4
横向龙骨

陶瓷墙砖

L50×5竖向角钢

膨胀螺栓

L50×5
角钢固定件

不锈钢螺栓

墙体

踢脚设计定

楼地面标高

吊顶标高

A

① 干挂陶瓷墙砖竖剖节点详图

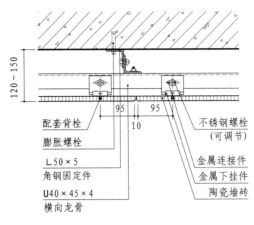

配套背栓

膨胀螺栓

L50×5
角钢固定件

U40×45×4
横向龙骨

不锈钢螺栓
(可调节)

金属连接件

金属下挂件

陶瓷墙砖

② 干挂陶瓷墙砖横剖节点详图

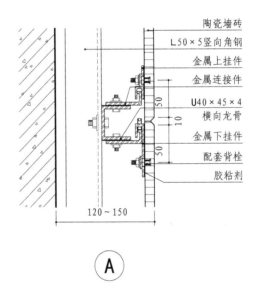

陶瓷墙砖

L50×5竖向角钢

金属上挂件

金属连接件

U40×45×4
横向龙骨

金属下挂件

配套背栓

胶粘剂

A

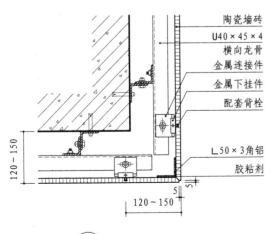

陶瓷墙砖
U40×45×4
横向龙骨
金属连接件
金属下挂件
配套背栓
L50×3角铝
胶粘剂

③ 阳角

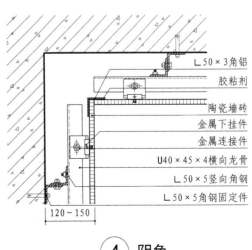

L50×3角铝

胶粘剂

陶瓷墙砖

金属下挂件

金属连接件

U40×45×4横向龙骨

L50×5竖向角钢

L50×5角钢固定件

④ 阴角

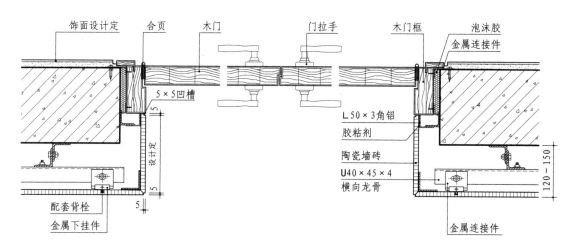

饰面设计定　合页　木门　门拉手　木门框　泡沫胶　金属连接件

5×5凹槽

L50×3角铝
胶粘剂
陶瓷墙砖
U40×45×4
横向龙骨

120~150

配套背栓
金属下挂件

金属连接件

⑤ 干挂陶瓷墙面门横剖节点详图

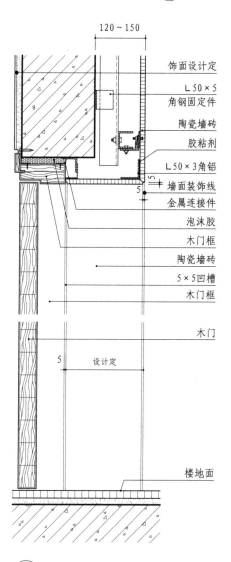

120~150

饰面设计定
L50×5
角钢固定件
陶瓷墙砖
胶粘剂
L50×3角铝
墙面装饰线
金属连接件
泡沫胶
木门框
陶瓷墙砖
5×5凹槽
木门框

木门

设计定

楼地面

⑥ 干挂陶瓷墙面门竖剖节点详图

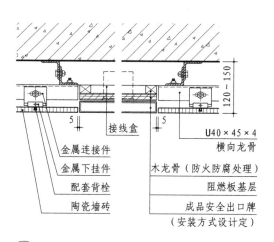

接线盒

120~150

U40×45×4
横向龙骨
木龙骨（防火防腐处理）
阻燃板基层
成品安全出口牌
（安装方式设计定）

金属连接件
金属下挂件
配套背栓
陶瓷墙砖

⑦ 干挂陶瓷墙面接线盒横剖节点详图

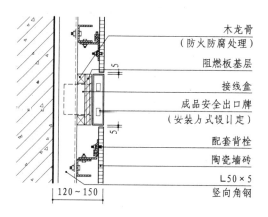

木龙骨
（防火防腐处理）
阻燃板基层
接线盒
成品安全出口牌
（安装方式设计定）
配套背栓
陶瓷墙砖
L50×5
竖向角钢

120~150

⑧ 干挂陶瓷墙面接线盒竖剖节点详图

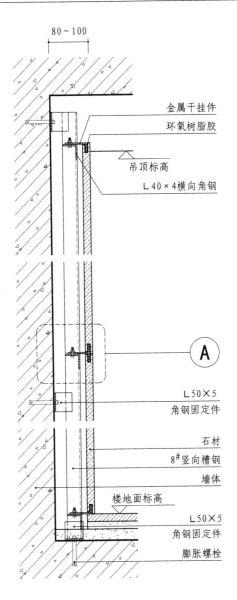

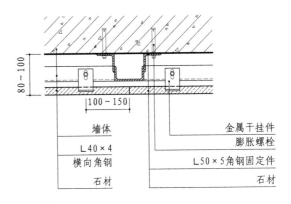

② 干挂石材墙面横剖节点详图

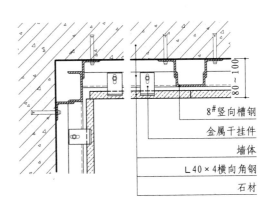

③ 阴角

① 干挂石材墙面竖剖节点详图

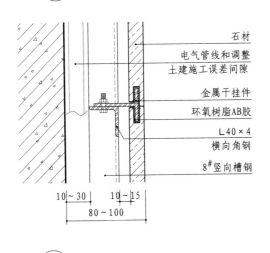

Ⓐ

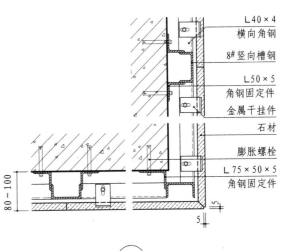

④ 阳角

Section1
概论

墙面装修
做法综述

墙面装修
分类

装配式
成品隔墙

工程做法

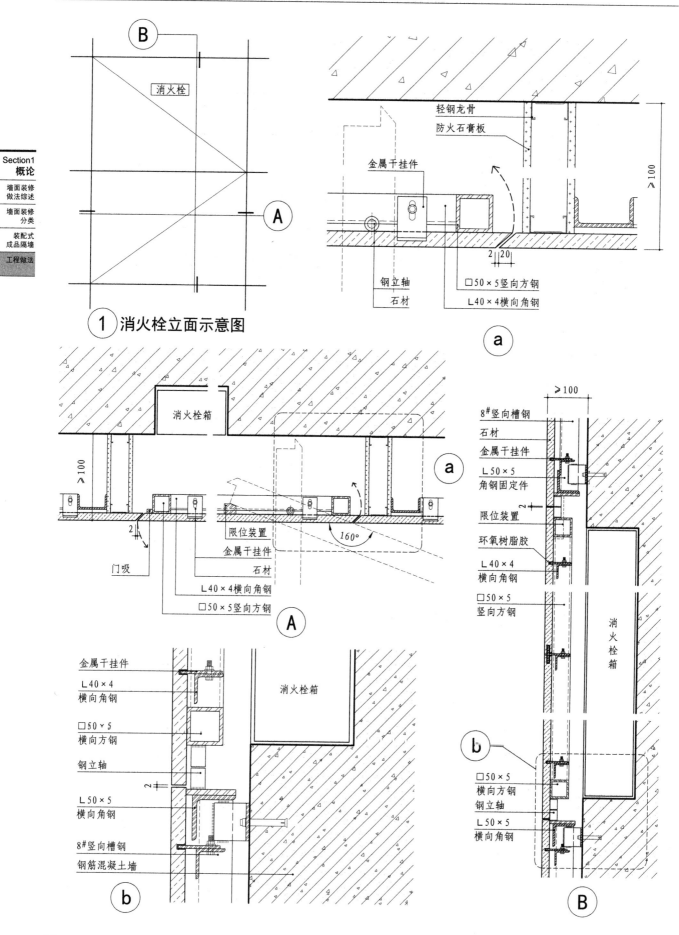

消火栓

轻钢龙骨

防火石膏板

金属干挂件

钢立轴

石材

□50×5竖向方钢

L40×4横向角钢

2 20

① 消火栓立面示意图

a

消火栓箱

限位装置

金属干挂件

石材

L40×4横向角钢

□50×5竖向方钢

门吸

160°

A

8#竖向槽钢

石材

金属干挂件

L50×5
角钢固定件

限位装置

环氧树脂胶

L40×4
横向角钢

□50×5
竖向方钢

消火栓箱

金属干挂件

L40×4
横向角钢

□50×5
横向方钢

钢立轴

L50×5
横向角钢

8#竖向槽钢

钢筋混凝土墙

消火栓箱

b

□50×5
横向方钢
钢立轴

L50×5
横向角钢

消火栓箱

b

B

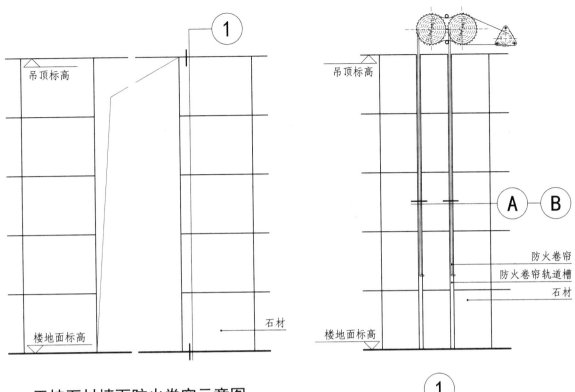

干挂石材墙面防火卷帘示意图

①

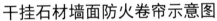

Ⓐ 明装防火卷帘轨道槽构造

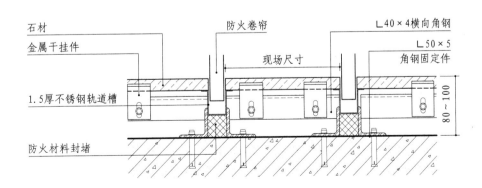

Ⓑ 暗装防火卷帘轨道槽构造

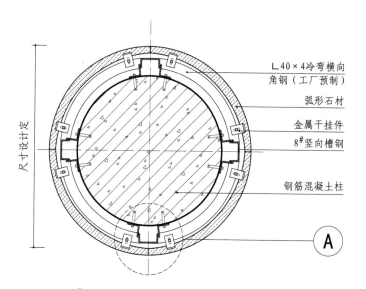

右侧标注：
L40×4冷弯横向
角钢（工厂预制）

弧形石材

金属干挂件

8#竖向槽钢

钢筋混凝土柱

A

① 干挂石材包圆柱剖面图

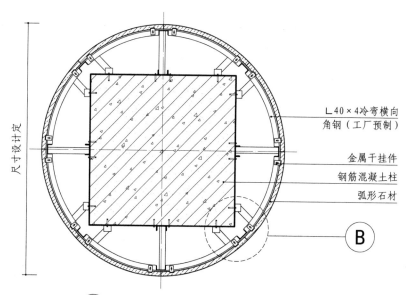

右侧标注：
L40×4冷弯横向
角钢（工厂预制）

金属干挂件

钢筋混凝土柱

弧形石材

B

② 干挂石材包方柱剖面图

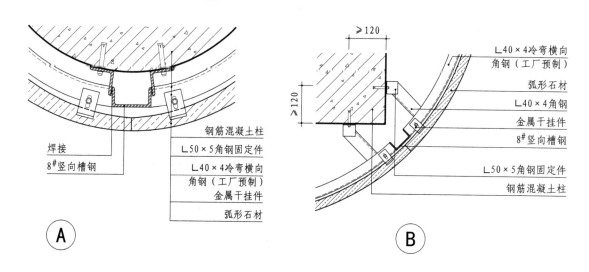

左下标注：
焊接
8#竖向槽钢

右下标注：
钢筋混凝土柱
L50×5角钢固定件
L40×4冷弯横向
角钢（工厂预制）
金属干挂件
弧形石材

A

右图标注：
≥120
≥120

L40×4冷弯横向
角钢（工厂预制）
弧形石材
L40×4角钢
金属干挂件
8#竖向槽钢
L50×5角钢固定件
钢筋混凝土柱

B

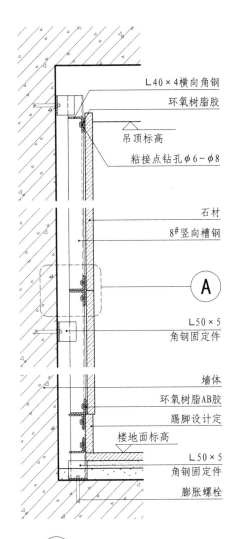

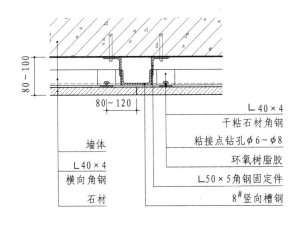

② 干粘石材墙面横剖节点详图

Section1
概论

墙面装修
做法综述

墙面装修
分类

装配式
成品隔墙

工程做法

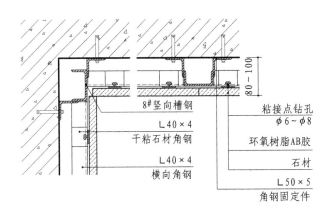

① 干粘石材墙面竖剖节点详图

③ 阴角

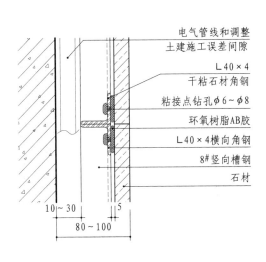

Ⓐ

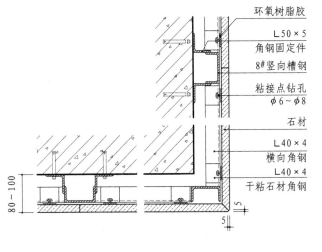

④ 阳角

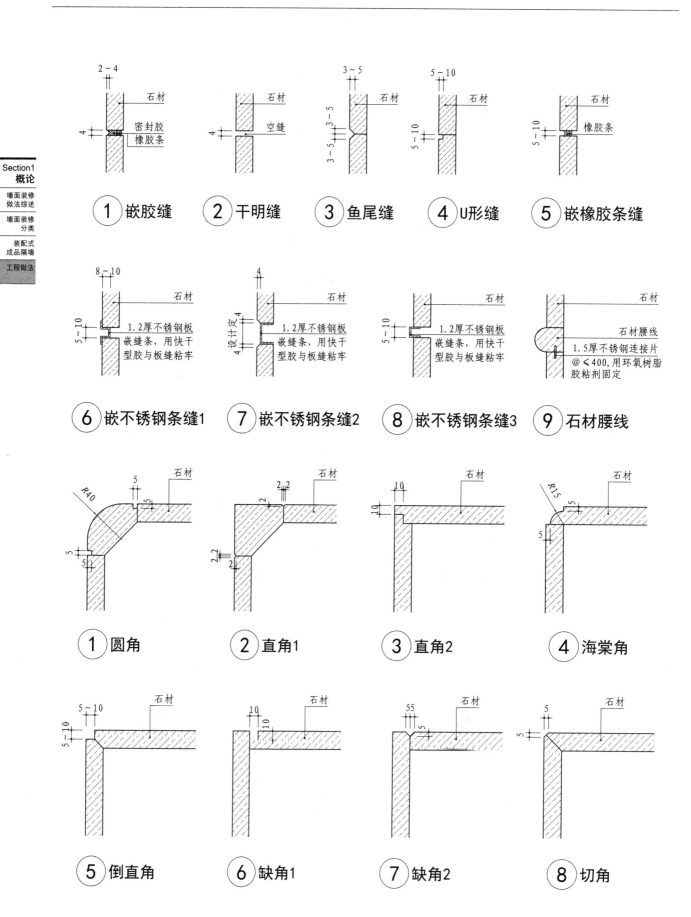

① 嵌胶缝 ② 干明缝 ③ 鱼尾缝 ④ U形缝 ⑤ 嵌橡胶条缝

⑥ 嵌不锈钢条缝1 ⑦ 嵌不锈钢条缝2 ⑧ 嵌不锈钢条缝3 ⑨ 石材腰线

① 圆角 ② 直角1 ③ 直角2 ④ 海棠角

⑤ 倒直角 ⑥ 缺角1 ⑦ 缺角2 ⑧ 切角

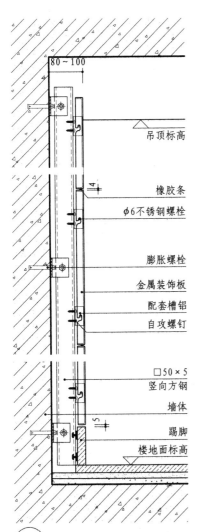

① 金属装饰板墙面竖剖节点详图

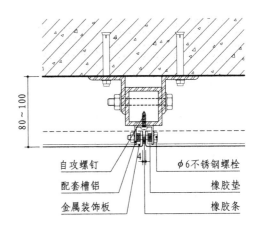

② 金属装饰板墙面横剖节点详图

Ⓐ

③ 阴角

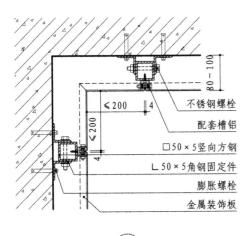

④ 阳角

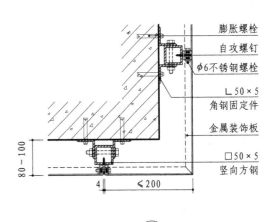

Section1
概论

墙面装修
做法综述

墙面装修
分类

装配式
成品隔墙

工程做法

37

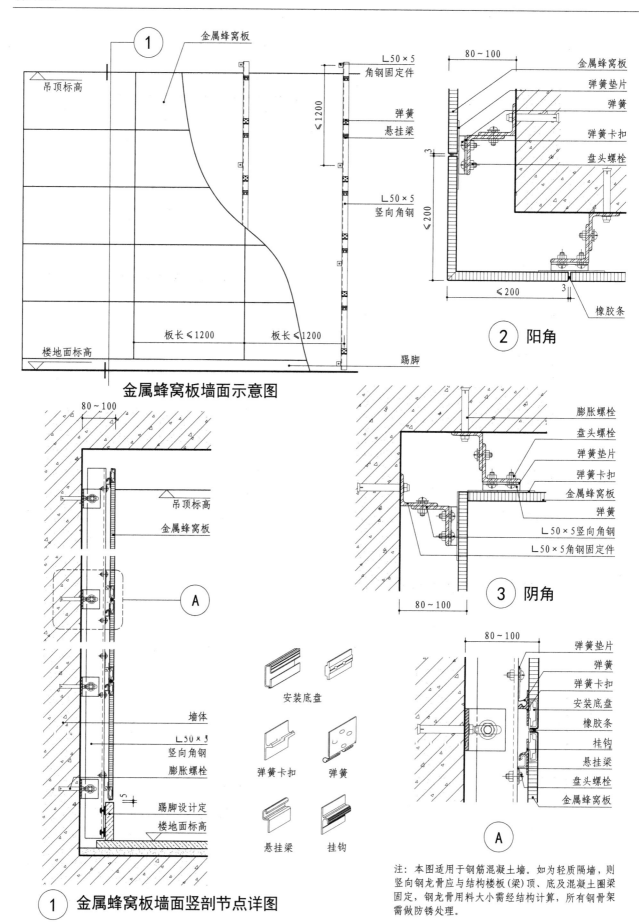

金属蜂窝板墙面示意图

② 阳角

③ 阴角

① **金属蜂窝板墙面竖剖节点详图**

注：本图适用于钢筋混凝土墙。如为轻质隔墙，则竖向钢龙骨应与结构楼板(梁)顶、底及混凝土圈梁固定，钢龙骨用料大小需经结构计算，所有钢骨架需做防锈处理。

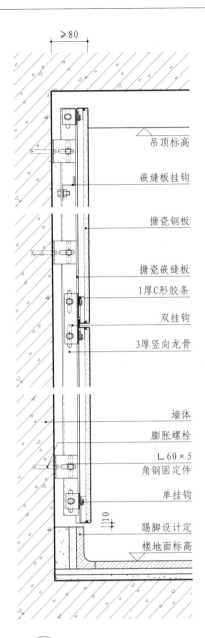

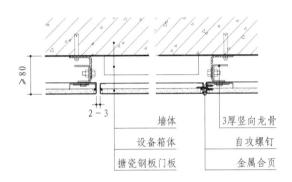

Section1
概论

墙面装修
做法综述

墙面装修
分类

装配式
成品隔墙

工程做法

② 搪瓷钢板墙面横剖节点详图

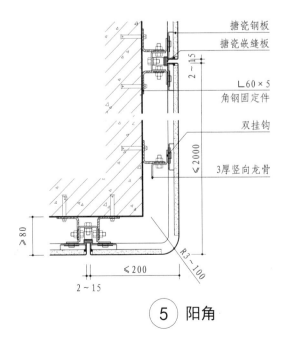

③ 搪瓷钢板墙面门横剖节点详图

① 搪瓷钢板墙面竖剖节点详图

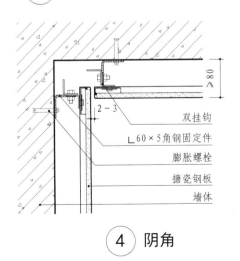

④ 阴角

⑤ 阳角

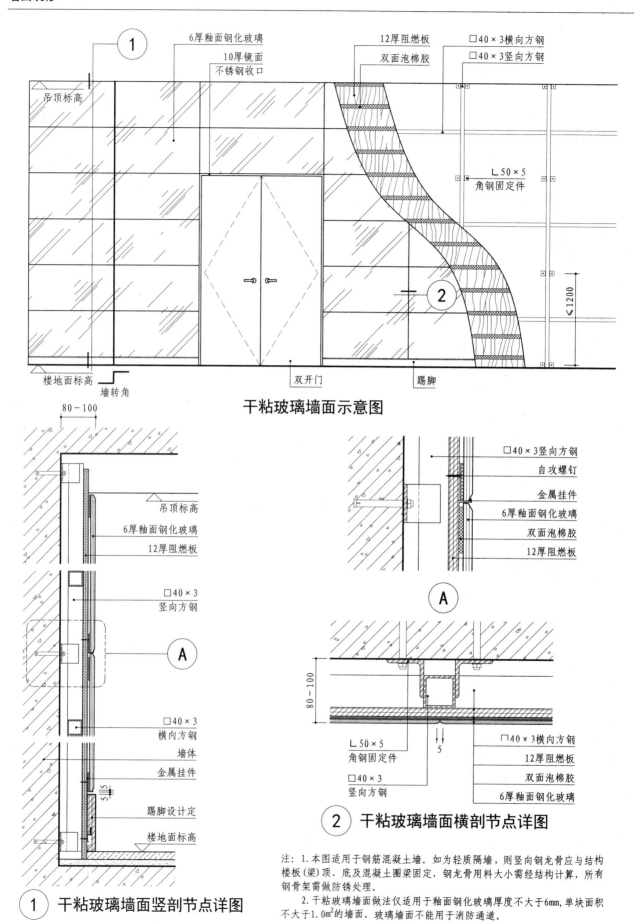

干粘玻璃墙面示意图

图中标注：
- 6厚釉面钢化玻璃
- 10厚镜面不锈钢收口
- 12厚阻燃板
- 双面泡棉胶
- □40×3横向方钢
- □40×3竖向方钢
- 吊顶标高
- ∟50×5角钢固定件
- 楼地面标高
- 墙转角
- 双开门
- 踢脚
- ≤1200

干粘玻璃墙面竖剖节点详图 ①

图中标注：
- 80～100
- 吊顶标高
- 6厚釉面钢化玻璃
- 12厚阻燃板
- □40×3竖向方钢
- A
- □40×3横向方钢
- 墙体
- 金属挂件
- 踢脚设计定
- 楼地面标高
- 5∥5

A

图中标注：
- □40×3竖向方钢
- 自攻螺钉
- 金属挂件
- 6厚釉面钢化玻璃
- 双面泡棉胶
- 12厚阻燃板

干粘玻璃墙面横剖节点详图 ②

图中标注：
- 80～100
- ∟50×5角钢固定件
- □40×3竖向方钢
- 5
- □40×3横向方钢
- 12厚阻燃板
- 双面泡棉胶
- 6厚釉面钢化玻璃

注: 1.本图适用于钢筋混凝土墙。如为轻质隔墙，则竖向钢龙骨应与结构楼板(梁)顶、底及混凝土圈梁固定，钢龙骨用料大小需经结构计算，所有钢骨架需做防锈处理。

2.干粘玻璃墙面做法仅适用于釉面钢化玻璃厚度不大于6mm，单块面积不大于1.0m²的墙面。玻璃墙面不能用于消防通道。

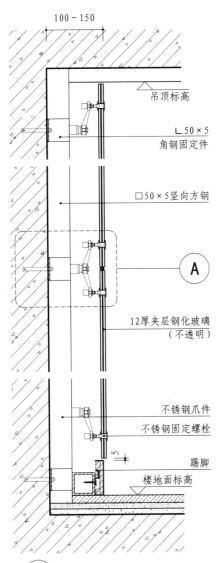

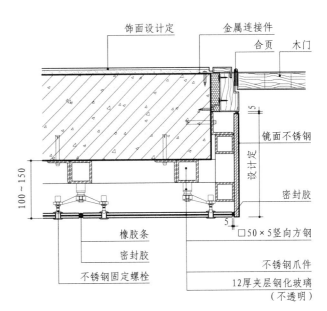

Section1
概论

墙面装修
做法综述

墙面装修
分类

装配式
成品隔墙

工程做法

2 点式玻璃墙面门节点详图

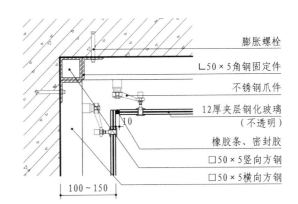

1 点式玻璃墙面竖剖节点详图

3 阴角

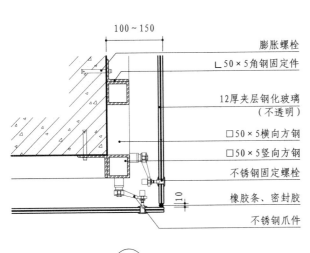

4 阳角

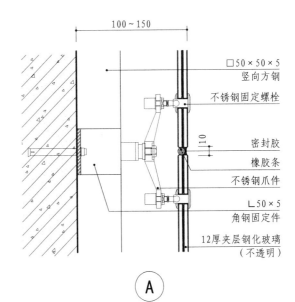

A

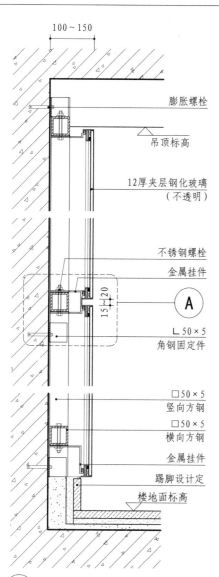

膨胀螺栓

吊顶标高

12厚夹层钢化玻璃
（不透明）

不锈钢螺栓

金属挂件

15~20

L50×5
角钢固定件

□50×5
竖向方钢

□50×5
横向方钢

金属挂件

踢脚设计定

楼地面标高

A

100~150

① 干挂玻璃墙面竖剖节点详图

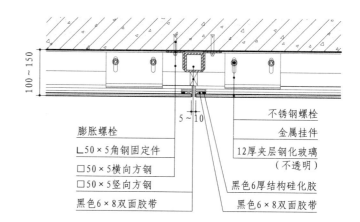

100~150

5~10

膨胀螺栓
L50×5角钢固定件
□50×5横向方钢
□50×5竖向方钢
黑色6×8双面胶带

不锈钢螺栓
金属挂件
12厚夹层钢化玻璃
（不透明）
黑色6厚结构硅化胶
黑色6×8双面胶带

② 干挂玻璃墙面横剖节点详图

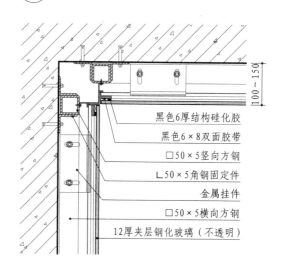

100~150

黑色6厚结构硅化胶
黑色6×8双面胶带
□50×5竖向方钢
L50×5角钢固定件
金属挂件
□50×5横向方钢
12厚夹层钢化玻璃（不透明）

③ 阴角

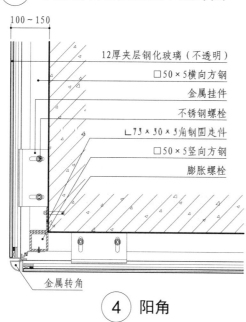

100~150

12厚夹层钢化玻璃（不透明）
□50×5横向方钢
金属挂件
不锈钢螺栓
L73×30×5角钢固定件
□50×5竖向方钢
膨胀螺栓

金属转角

④ 阳角

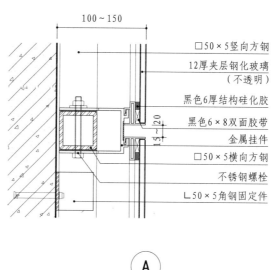

100~150

□50×5竖向方钢
12厚夹层钢化玻璃
（不透明）
黑色6厚结构硅化胶
黑色6×8双面胶带
15~20
金属挂件
□50×5横向方钢
不锈钢螺栓
L50×5角钢固定件

A

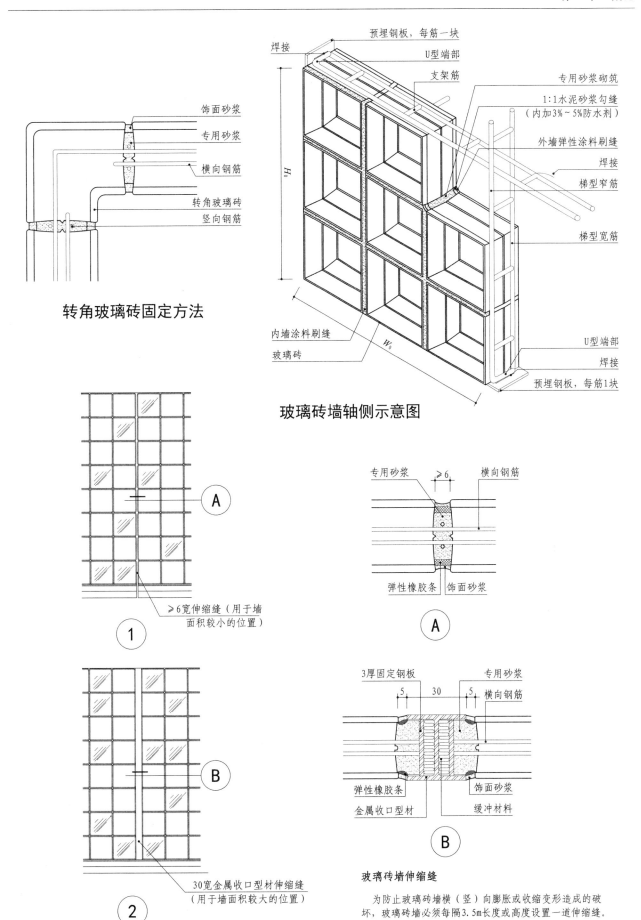

转角玻璃砖固定方法

玻璃砖墙轴侧示意图

玻璃砖墙伸缩缝

为防止玻璃砖墙横（竖）向膨胀或收缩变形造成的破坏，玻璃砖墙必须每隔3.5m长度或高度设置一道伸缩缝。

Section1
概论

墙面装修
做法综述

墙面装修
分类

装配式
成品隔墙

工程做法

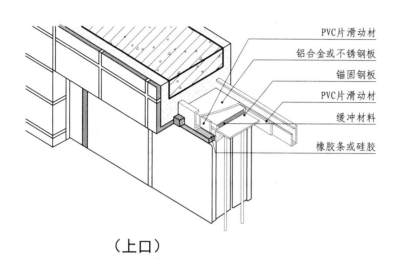

PVC片滑动材
铝合金或不锈钢板
锚固钢板
PVC片滑动材
缓冲材料
橡胶条或硅胶

（上口）

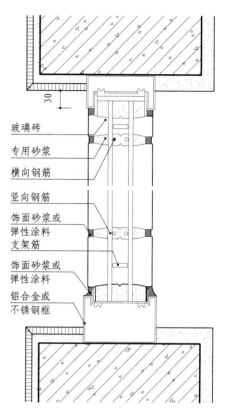

① **玻璃砖墙金属框做法**

玻璃砖
专用砂浆
横向钢筋
竖向钢筋
饰面砂浆或
弹性涂料
支架筋
饰面砂浆或
弹性涂料
铝合金或
不锈钢框

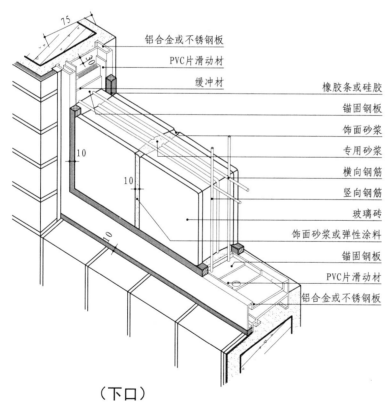

铝合金或不锈钢板
PVC片滑动材
缓冲材
橡胶条或硅胶
锚固钢板
饰面砂浆
专用砂浆
横向钢筋
竖向钢筋
玻璃砖
饰面砂浆或弹性涂料
锚固钢板
PVC片滑动材
铝合金或不锈钢板

（下口）

有框玻璃砖墙轴侧剖视图

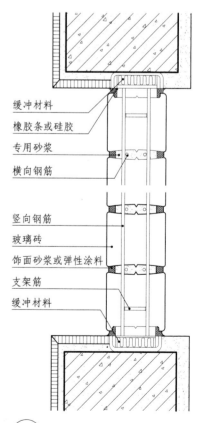

缓冲材料
橡胶条或硅胶
专用砂浆
横向钢筋
竖向钢筋
玻璃砖
饰面砂浆或弹性涂料
支架筋
缓冲材料

② **玻璃砖墙无框做法**

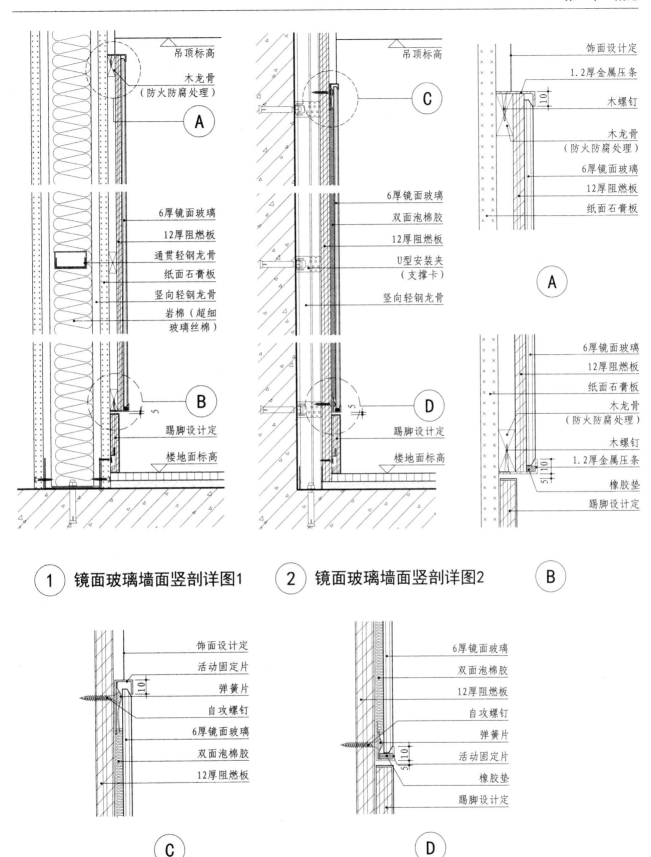

Section1
概论

墙面装修
做法综述

墙面装修
分类

装配式
成品隔墙

工程做法

① 镜面玻璃墙面竖剖详图1   **②** 镜面玻璃墙面竖剖详图2

注：1. 镜面材料的选用由设计确定，镜面高度一般为2000mm，最高为2500mm，超高时设计应考虑分块拼接。
　　2. 金属压条一般为成品，可采用铝合金、不锈钢或铜等材料。
　　3. 混凝土墙体采用膨胀螺栓固定龙骨，轻质隔墙采用自攻螺钉固定龙骨。

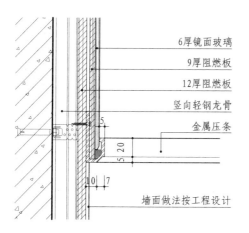

6厚镜面玻璃
9厚阻燃板
12厚阻燃板
竖向轻钢龙骨
金属压条
墙面做法按工程设计

① 金属收边条1

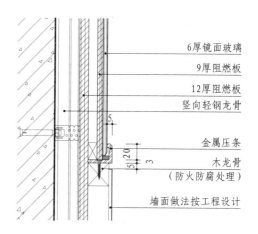

6厚镜面玻璃
9厚阻燃板
12厚阻燃板
竖向轻钢龙骨
金属压条
木龙骨
（防火防腐处理）
墙面做法按工程设计

② 金属收边条2

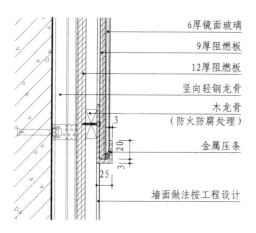

6厚镜面玻璃
9厚阻燃板
12厚阻燃板
竖向轻钢龙骨
木龙骨
（防火防腐处理）
金属压条
墙面做法按工程设计

③ 金属收边条3

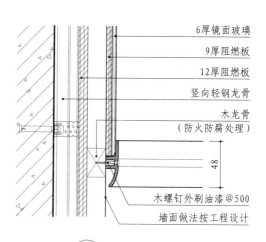

6厚镜面玻璃
9厚阻燃板
12厚阻燃板
竖向轻钢龙骨
木龙骨
（防火防腐处理）
木螺钉外刷油漆@500
墙面做法按工程设计

④ 塑料收边条1

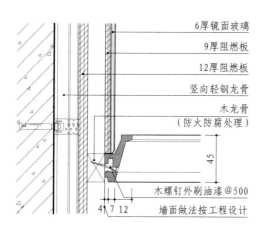

6厚镜面玻璃
9厚阻燃板
12厚阻燃板
竖向轻钢龙骨
木龙骨
（防火防腐处理）
木螺钉外刷油漆@500
墙面做法按工程设计

⑤ 塑料收边条2

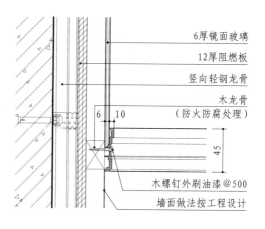

6厚镜面玻璃
12厚阻燃板
竖向轻钢龙骨
木龙骨
（防火防腐处理）
木螺钉外刷油漆@500
墙面做法按工程设计

⑥ 塑料收边条3

注：金属镜面厚度不小于2mm，要根据规格大小，由设计定。

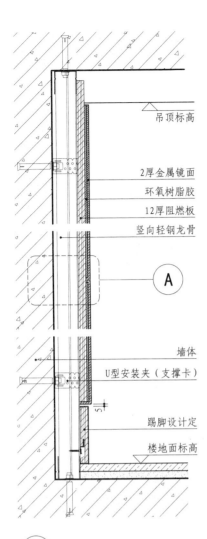

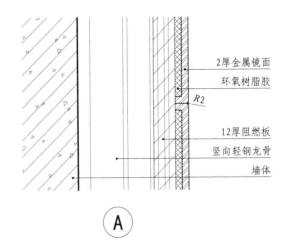

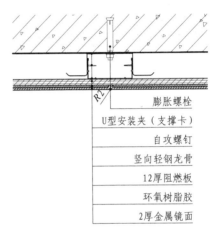

① 金属镜面墙面竖剖节点详图

② 金属镜面墙面横剖图节点详图

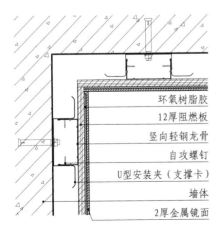

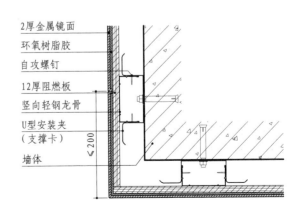

③ 金属镜面阴角

④ 金属镜面阳角

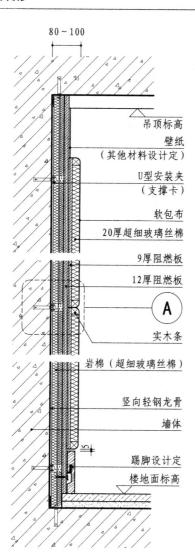

① 软包墙面竖剖节点详图

吊顶标高
壁纸
（其他材料设计定）
U型安装夹
（支撑卡）
软包布
20厚超细玻璃丝棉
9厚阻燃板
12厚阻燃板
Ⓐ
实木条
岩棉（超细玻璃丝棉）
竖向轻钢龙骨
墙体
踢脚设计定
楼地面标高

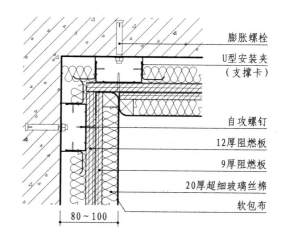

12厚阻燃板
膨胀螺栓
自攻螺钉
竖向轻钢龙骨

U型安装夹（支撑卡）
9厚阻燃板
20厚超细玻璃丝棉
软包布

② 软包墙面横剖节点详图

膨胀螺栓
U型安装夹
（支撑卡）
自攻螺钉
12厚阻燃板
9厚阻燃板
20厚超细玻璃丝棉
软包布

③ 阴角

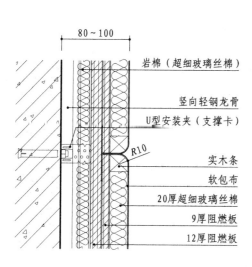

岩棉（超细玻璃丝棉）
竖向轻钢龙骨
U型安装夹（支撑卡）
实木条
软包布
20厚超细玻璃丝棉
9厚阻燃板
12厚阻燃板

Ⓐ

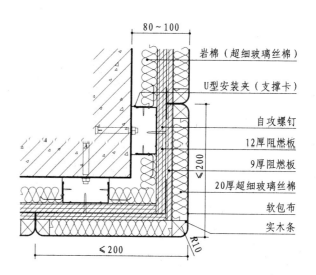

岩棉（超细玻璃丝棉）
U型安装夹（支撑卡）
自攻螺钉
12厚阻燃板
9厚阻燃板
20厚超细玻璃丝棉
软包布
实木条

④ 阳角

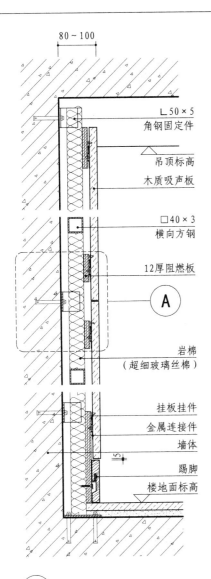

Section1
概论

墙面装修
做法综述

墙面装修
分类

装配式
成品隔墙

工程做法

① 木质吸声板墙面竖剖节点详图

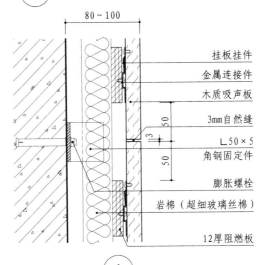

② 木质吸声板墙面横剖节点详图

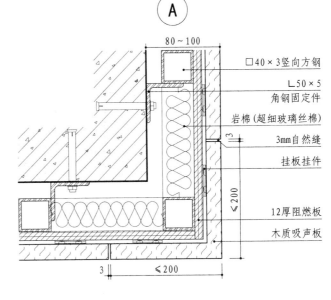

Ⓐ

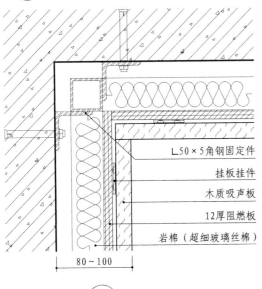

③ 阴角

④ 阳角

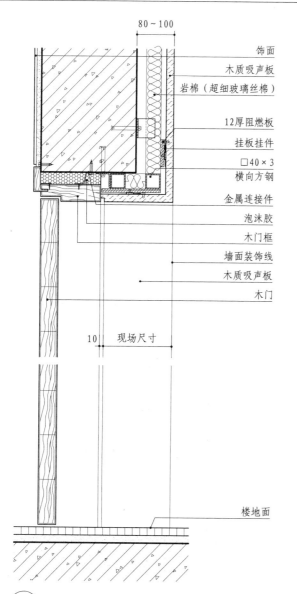

饰面
木质吸声板
岩棉（超细玻璃丝棉）
12厚阻燃板
挂板挂件
□40×3
横向方钢
金属连接件
泡沫胶
木门框
墙面装饰线
木质吸声板
木门

10　现场尺寸

楼地面

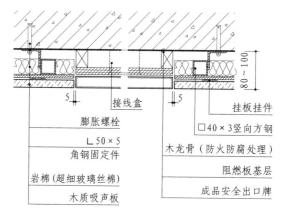

5　接线盒　5
膨胀螺栓
L50×5
角钢固定件
岩棉（超细玻璃丝棉）
木质吸声板

80~100

挂板挂件
□40×3竖向方钢
木龙骨（防火防腐处理）
阻燃板基层
成品安全出口牌

⑦ **木质吸声板墙面接线盒横剖节点详图**

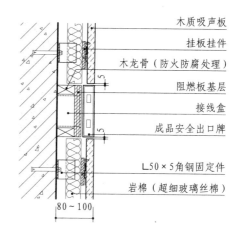

木质吸声板
挂板挂件
木龙骨（防火防腐处理）
阻燃板基层
接线盒
成品安全出口牌
L50×5角钢固定件
岩棉（超细玻璃丝棉）

80~100

⑧ **木质吸声板墙面接线盒竖剖节点详图**

⑤ **木质吸声板墙面门竖剖节点详图**

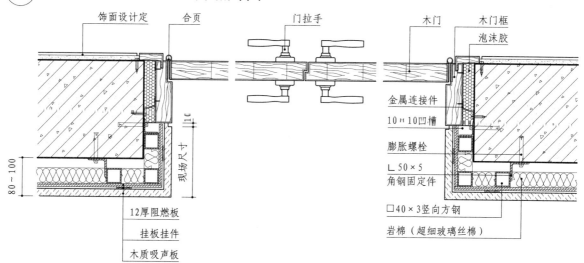

饰面设定定　合页　门拉手　木门　木门框　泡沫胶

金属连接件
10×10凹槽
膨胀螺栓
L50×5
角钢固定件
□40×3竖向方钢
岩棉（超细玻璃丝棉）

80~100　现场尺寸　10

12厚阻燃板
挂板挂件
木质吸声板

⑥ **木质吸声板墙面门横剖节点详图**

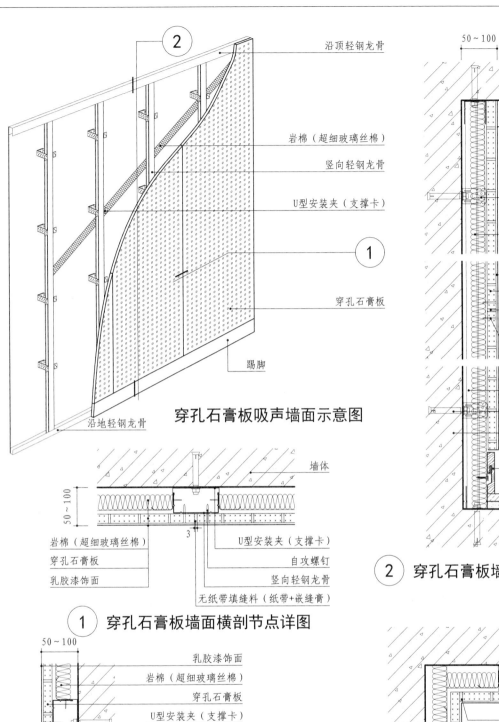

沿顶轻钢龙骨

岩棉（超细玻璃丝棉）

竖向轻钢龙骨

U型安装夹（支撑卡）

穿孔石膏板

踢脚

沿地轻钢龙骨

穿孔石膏板吸声墙面示意图

墙体

岩棉（超细玻璃丝棉）
穿孔石膏板
乳胶漆饰面

U型安装夹（支撑卡）
自攻螺钉
竖向轻钢龙骨
无纸带填缝料（纸带+嵌缝膏）

① **穿孔石膏板墙面横剖节点详图**

乳胶漆饰面
岩棉（超细玻璃丝棉）
穿孔石膏板
U型安装夹（支撑卡）
竖向轻钢龙骨

L25×2角钢固定在顶、地龙骨之间
接缝纸带
金属护角纸带

③ **阳角**

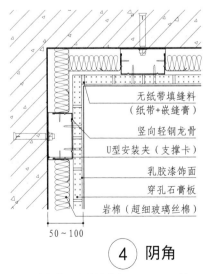

吊顶标高

U型安装夹（支撑卡）

岩棉（超细玻璃丝棉）

乳胶漆饰面
穿孔石膏板
无纸带填缝料（纸带+嵌缝膏）
自攻螺钉

竖向轻钢龙骨
膨胀螺栓
墙体

踢脚设计定
楼地面标高

② **穿孔石膏板墙面竖剖节点详图**

无纸带填缝料（纸带+嵌缝膏）
竖向轻钢龙骨
U型安装夹（支撑卡）
乳胶漆饰面
穿孔石膏板
岩棉（超细玻璃丝棉）

④ **阴角**

注：本页根据北新集团建材股份有限公司、可耐福石膏板有限公司和博罗石膏建材有限公司提供的技术资料编制。

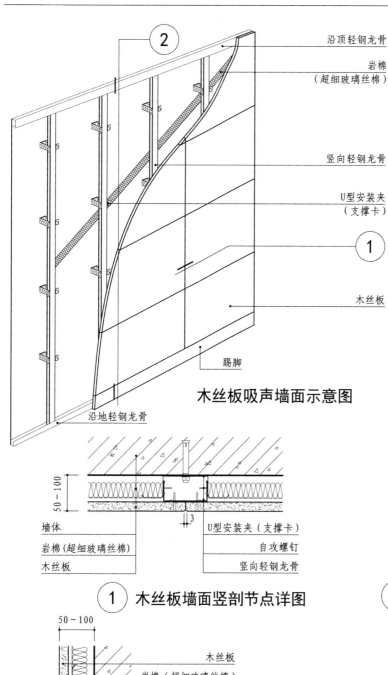

沿顶轻钢龙骨

岩棉
（超细玻璃丝棉）

竖向轻钢龙骨

U型安装夹
（支撑卡）

①

木丝板

踢脚

木丝板吸声墙面示意图

沿地轻钢龙骨

50~100

墙体
岩棉（超细玻璃丝棉）
木丝板

U型安装夹（支撑卡）
自攻螺钉
竖向轻钢龙骨

① **木丝板墙面竖剖节点详图**

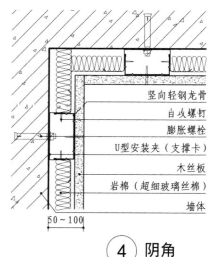

50~100

吊顶标高

U型安装夹
（支撑卡）

竖向轻钢龙骨

岩棉
（超细玻璃丝棉）

木丝板
安装平板

自攻螺钉（钉头菱
镁矿填补处理）

膨胀螺栓

墙体

踢脚设计定

楼地面标高

② **木丝板墙面横剖节点详图**

50~100

木丝板
岩棉（超细玻璃丝棉）
膨胀螺栓
墙体

U型安装夹（支撑卡）
竖向轻钢龙骨

L25×2角钢固定在
顶、地龙骨之间

③ **阳角**

竖向轻钢龙骨
自攻螺钉
膨胀螺栓
U型安装夹（支撑卡）
木丝板
岩棉（超细玻璃丝棉）
墙体

50~100

④ **阴角**

注：本页根据可耐福石膏板有限公司提供的技术资料编制。

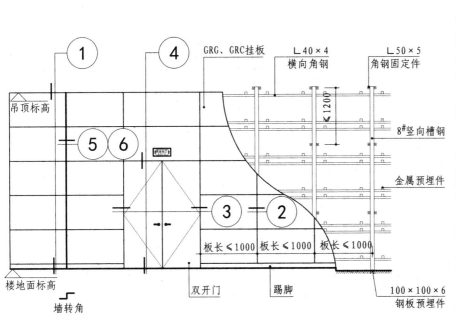

GRG、GRC挂板墙面示意图

注：本图适用于钢筋混凝土墙。如为轻质隔墙，则竖向钢龙骨应与结构楼板(梁)顶、底及混凝土圈梁固定，钢龙骨用料大小需经结构计算，所有钢骨架需做防锈处理。

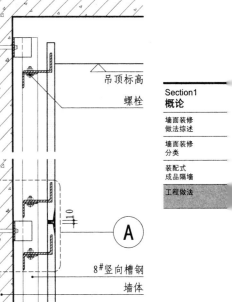

① GRG、GRC墙面竖剖节点详图

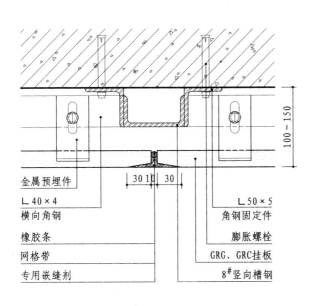

② GRG、GRC墙面横剖节点详图

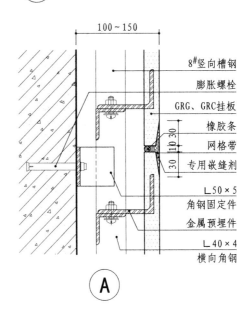

Ⓐ

墙面装修

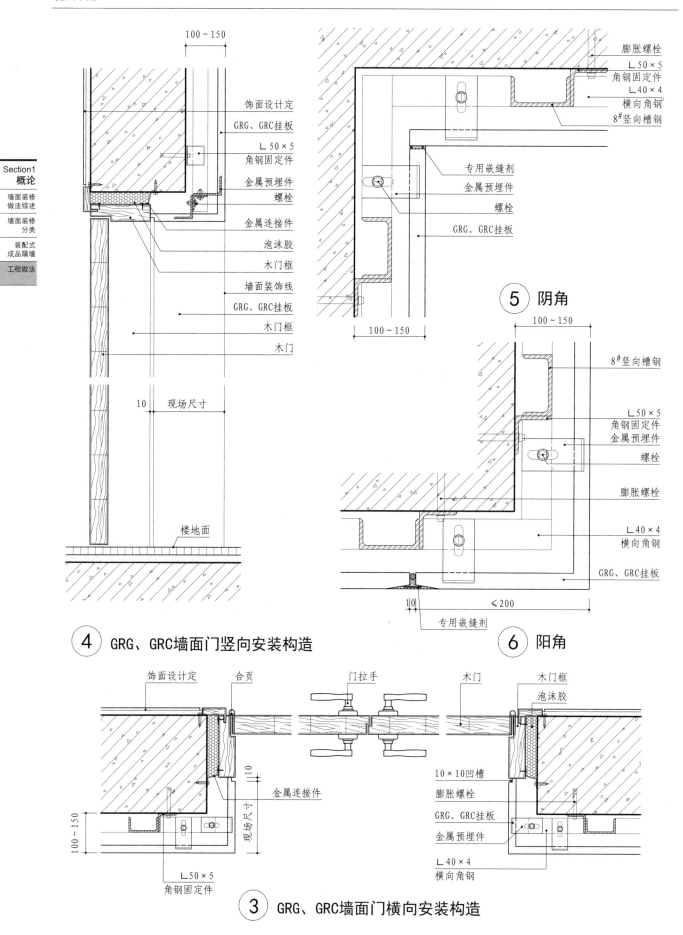

Section1
概论

墙面装修
做法综述

墙面装修
分类

装配式
成品隔墙

工程做法

饰面设计定
GRG、GRC挂板
∟50×5
角钢固定件
金属预埋件
螺栓
金属连接件
泡沫胶
木门框
墙面装饰线
GRG、GRC挂板
木门框
木门

楼地面

膨胀螺栓
∟50×5
角钢固定件
∟40×4
横向角钢
8#竖向槽钢

专用嵌缝剂
金属预埋件
螺栓
GRG、GRC挂板

⑤ 阴角

8#竖向槽钢

∟50×5
角钢固定件
金属预埋件
螺栓

膨胀螺栓

∟40×4
横向角钢

GRG、GRC挂板

专用嵌缝剂

④ GRG、GRC墙面门竖向安装构造

⑥ 阳角

饰面设计定　合页　　　门拉手　　　木门　　木门框
泡沫胶

金属连接件

10×10凹槽
膨胀螺栓
GRG、GRC挂板
金属预埋件

∟50×5
角钢固定件

∟40×4
横向角钢

③ GRG、GRC墙面门横向安装构造

54

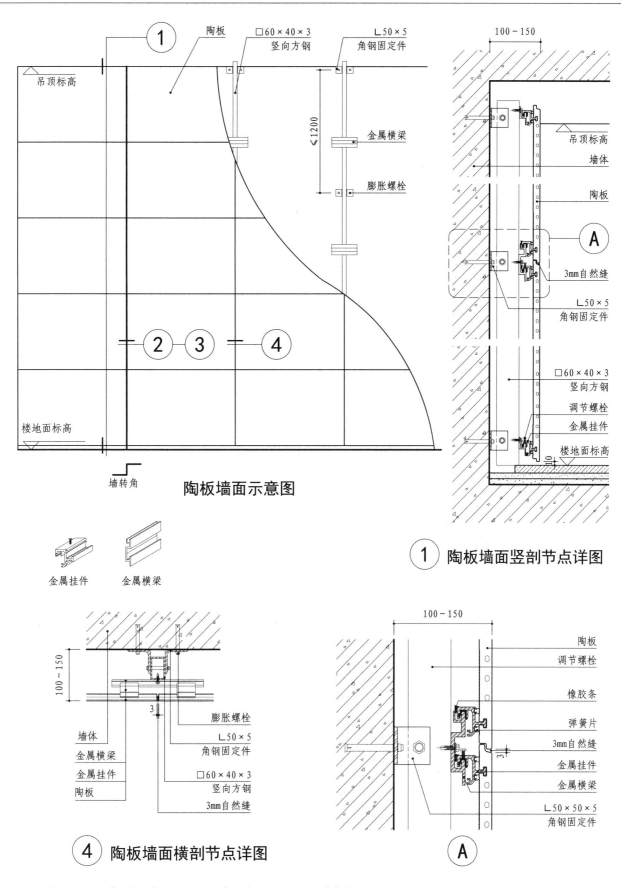

陶板墙面示意图

① 陶板墙面竖剖节点详图

④ 陶板墙面横剖节点详图

Ⓐ

注：本图适用于钢筋混凝土墙。如为轻质隔墙，则竖向钢龙骨应与结构楼板（梁）顶、底及混凝土圈梁固定，钢龙骨用料大小需经结构计算，所有钢骨架需做防锈处理。

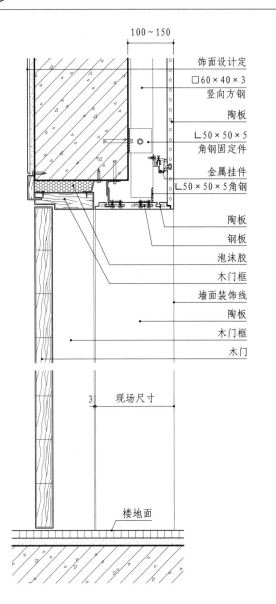

100~150

饰面设计定

□60×40×3
竖向方钢

陶板

L50×50×5
角钢固定件

金属挂件
L50×50×5角钢

陶板

钢板

泡沫胶

木门框

墙面装饰线

陶板

木门框

木门

3 现场尺寸

楼地面

⑤ 陶板墙面门竖向安装构造

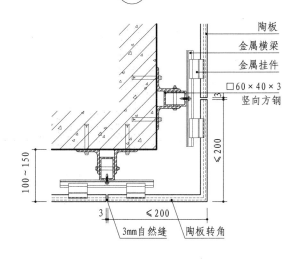

100~150

3mm自然缝

金属挂件

燕尾螺丝

金属横梁

陶板

② 阴角

陶板

金属横梁

金属挂件

□60×40×3
竖向方钢

100~150

≤200

3

3mm自然缝

≤200

陶板转角

③ 阳角

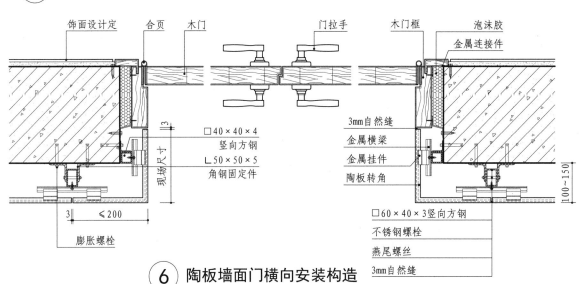

饰面设计定   合页   木门   门拉手   木门框   泡沫胶

金属连接件

□40×40×4
竖向方钢

L50×50×5
角钢固定件

现场尺寸

3

3mm自然缝

金属横梁

金属挂件

陶板转角

3   ≤200

膨胀螺栓

□60×40×3竖向方钢

不锈钢螺栓

燕尾螺丝

3mm自然缝

100~150

⑥ 陶板墙面门横向安装构造

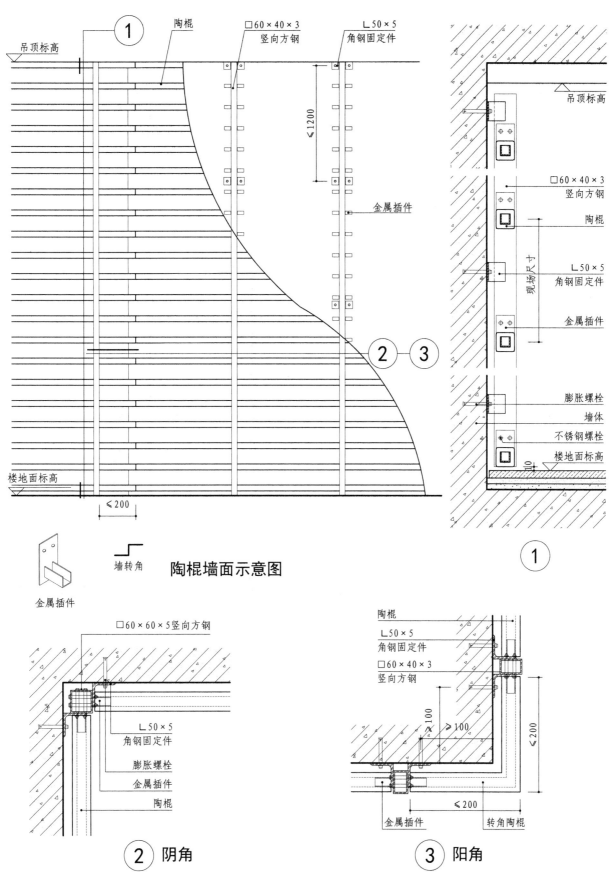

陶棍墙面示意图

② 阴角

③ 阳角

Section1
概论

墙面装修
做法综述

墙面装修
分类

装配式
成品隔墙

工程做法

注：本图适用于钢筋混凝土墙。如为轻质隔墙，则竖向钢龙骨应与结构楼板（梁）顶、
底及混凝土圈梁固定，钢龙骨用料大小需经结构计算，所有钢骨架需做防锈处理。

吊顶标高
石膏角线
壁纸
12厚阻燃板
12厚阻燃板
竖向轻钢龙骨
挂板挂件
金属连接件
实木线条 Ⓐ
壁纸
实木线条
踢脚
楼地面标高

① 木质护壁墙裙详图1

吊顶标高
实木线条
壁纸
12厚阻燃板
12厚阻燃板
挂板挂件
金属连接件
实木线条 Ⓑ
竖向轻钢龙骨
壁纸
实木线条
踢脚
楼地面标高

② 木质护壁墙裙详图2

吊顶标高
实木线条
竖向轻钢龙骨
实木线条
壁纸
9厚阻燃板
挂板挂件
金属连接件
实木线条 Ⓒ
12厚阻燃板
12厚阻燃板
壁纸
实木线条
实木线条
踢脚 Ⓓ
楼地面标高

③ 木质护壁墙裙详图3

Ⓐ 大样图
Ⓑ 大样图
Ⓒ 大样图
Ⓓ 大样图

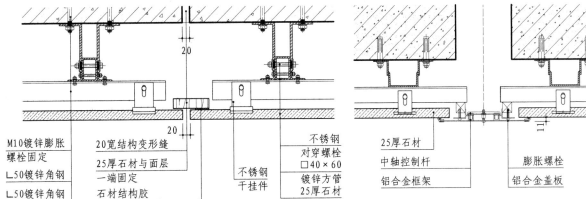

Section1
概论

墙面装修
做法综述

墙面装修
分类

装配式
成品隔墙

工程做法

M10镀锌膨胀
螺栓固定
L50镀锌角钢
L50镀锌角钢
20宽结构变形缝
25厚石材与面层
一端固定
石材结构胶
不锈钢
干挂件
不锈钢
对穿螺栓
□40×60
镀锌方管
25厚石材

① 石材墙面伸缩缝做法1

25厚石材
中轴控制杆
铝合金框架
膨胀螺栓
铝合金盖板

② 石材墙面伸缩缝做法2

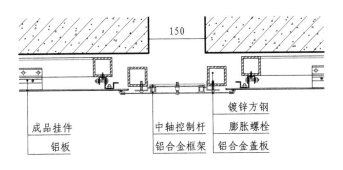

成品挂件
铝板
中轴控制杆
铝合金框架
镀锌方钢
膨胀螺栓
铝合金盖板

③ 铝板墙面伸缩缝做法1

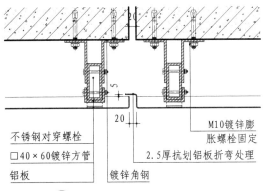

不锈钢对穿螺栓
□40×60镀锌方管
铝板
镀锌角钢
M10镀锌膨
胀螺栓固定
2.5厚抗划铝板折弯处理

④ 铝板墙面伸缩缝做法2

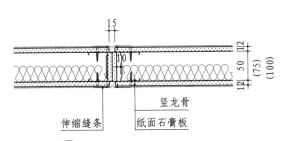

伸缩缝条
竖龙骨
纸面石膏板

⑤ 石膏板墙伸缩缝
（耐火极限0.5h）

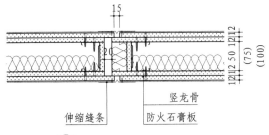

伸缩缝条
竖龙骨
防火石膏板

⑥ 石膏板墙伸缩缝
（耐火极限1h）

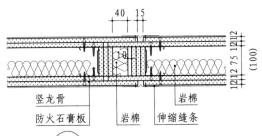

竖龙骨
防火石膏板
岩棉
伸缩缝条

⑦ 石膏板墙伸缩缝
（耐火极限2h）

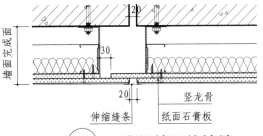

墙面完成面
伸缩缝条
竖龙骨
纸面石膏板

⑧ 石膏板墙面伸缩缝

第二章　工程案例

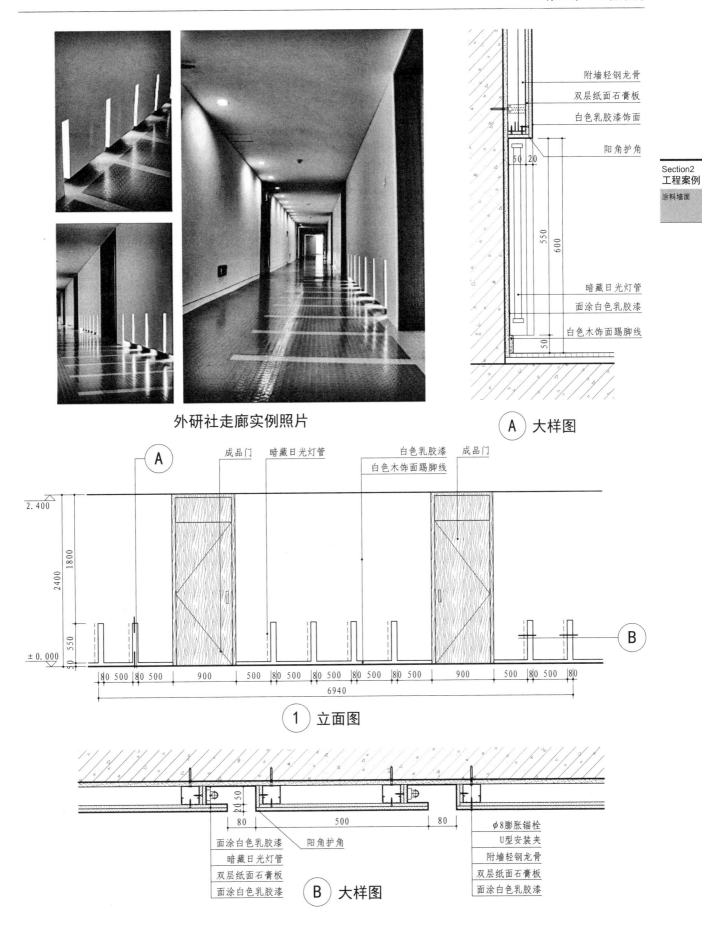

外研社走廊实例照片

附墙轻钢龙骨
双层纸面石膏板
白色乳胶漆饰面
阳角护角
50 20
550
600
暗藏日光灯管
面涂白色乳胶漆
白色木饰面踢脚线
50

Ⓐ 大样图

成品门　暗藏日光灯管　　白色乳胶漆　成品门
白色木饰面踢脚线

2.400
1800
2400
550
±0.000
50
80 500 80 500　900　500 80 500 80 500 80 500 80 500　900　500 80 500 80
6940

① 立面图

Ⓑ

φ50
80　　　500　　　80
面涂白色乳胶漆　阳角护角
暗藏日光灯管
双层纸面石膏板
面涂白色乳胶漆
φ8膨胀锚栓
U型安装夹
附墙轻钢龙骨
双层纸面石膏板
面涂白色乳胶漆

Ⓑ 大样图

某临时展厅实例照片

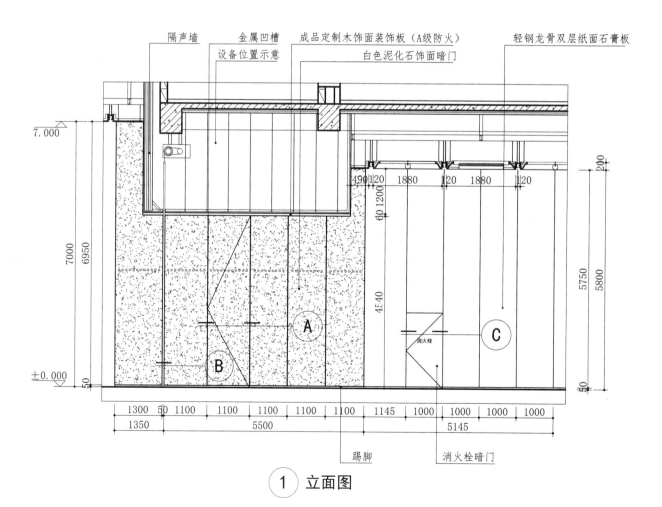

隔声墙　金属凹槽　成品定制木饰面装饰板（A级防火）　　　轻钢龙骨双层纸面石膏板
设备位置示意　白色泥化石饰面暗门

踢脚　消火栓暗门

① 立面图

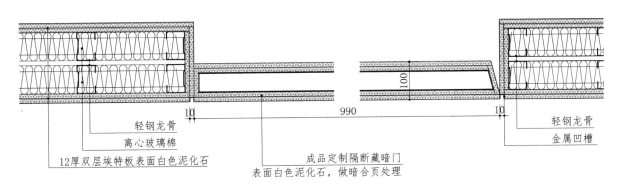

轻钢龙骨
离心玻璃棉
12厚双层埃特板表面白色泥化石

成品定制隔断藏暗门
表面白色泥化石，做暗合页处理

轻钢龙骨
金属凹槽

(A) 大样图

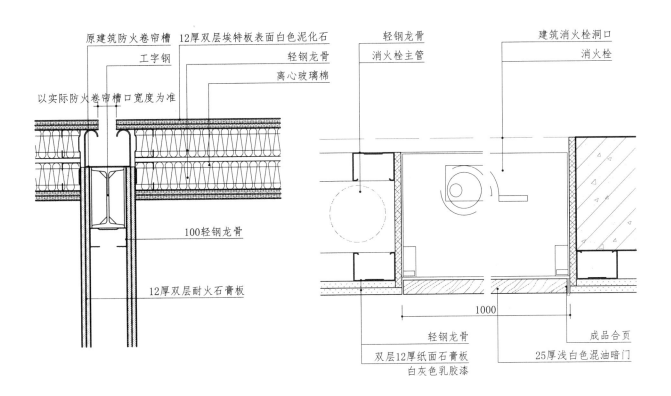

原建筑防火卷帘槽 12厚双层埃特板表面白色泥化石
工字钢 轻钢龙骨
离心玻璃棉
以实际防火卷帘槽口宽度为准

100轻钢龙骨

12厚双层耐火石膏板

轻钢龙骨 建筑消火栓洞口
消火栓主管 消火栓

轻钢龙骨 成品合页
双层12厚纸面石膏板 25厚浅白色混油暗门
白灰色乳胶漆

(B) 大样图   (C) 大样图

北京汽车族有限公司办公室LOGO墙实例照片

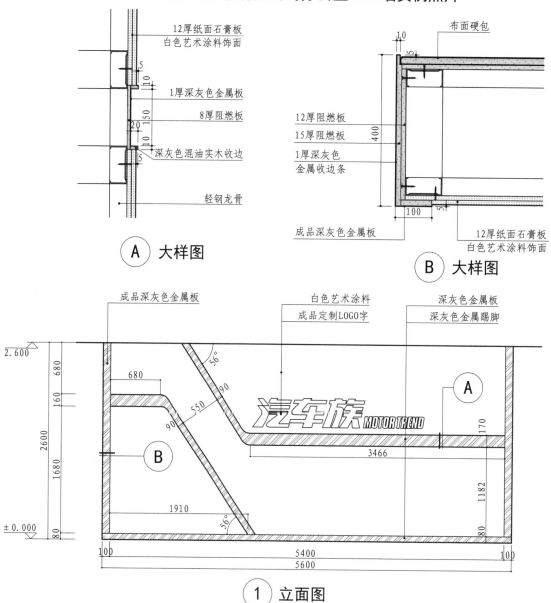

12厚纸面石膏板
白色艺术涂料饰面

1厚深灰色金属板

8厚阻燃板

深灰色混油实木收边

轻钢龙骨

Ⓐ 大样图

布面硬包

12厚阻燃板
15厚阻燃板

1厚深灰色
金属收边条

成品深灰色金属板

12厚纸面石膏板
白色艺术涂料饰面

Ⓑ 大样图

成品深灰色金属板

白色艺术涂料
成品定制LOGO字

深灰色金属板
深灰色金属踢脚

① 立面图

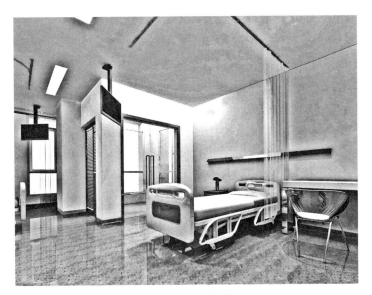

某医院综合楼局部效果图

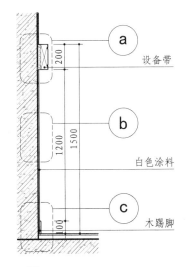

设备带

白色涂料

木踢脚

$\overset{A}{\bigcirc}$ 剖面详图

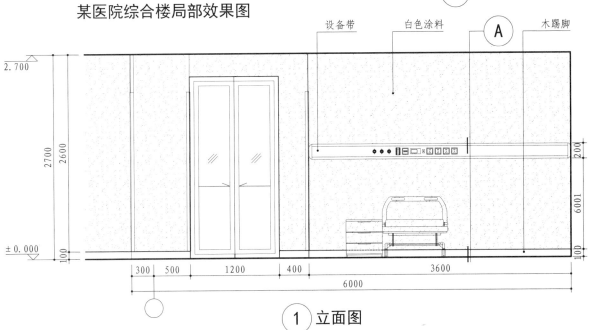

设备带　　白色涂料　　　　　A　　　　木踢脚

2.700

2700
2600

± 0.000

200

6001

100

100

300　500　1200　400　　　3600

6000

$\overset{1}{\bigcirc}$ 立面图

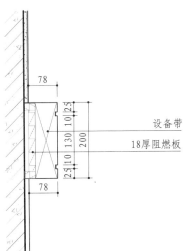

78

10 25

10 130 200

25 10

78

设备带

18厚阻燃板

$\overset{a}{\bigcirc}$ 大样图

白色涂料
封闭底涂料一道
刮腻子三遍
（磨平）

6厚粉刷石膏砂浆
打底分遍赶平

原建筑墙体

$\overset{b}{\bigcirc}$ 大样图

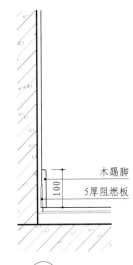

木踢脚

5厚阻燃板

100

$\overset{c}{\bigcirc}$ 大样图

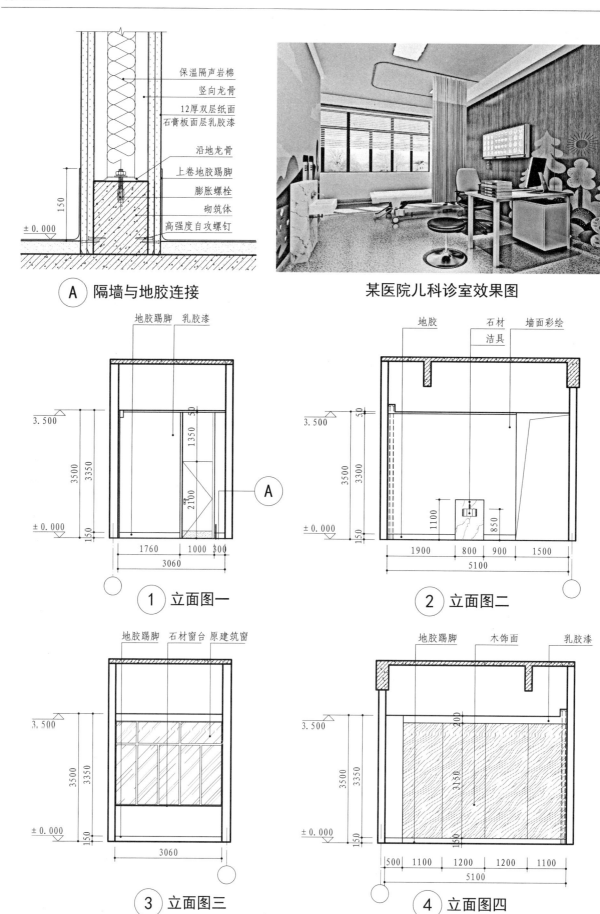

保温隔声岩棉
竖向龙骨
12厚双层纸面
石膏板面层乳胶漆
沿地龙骨
上卷地胶踢脚
膨胀螺栓
砌筑体
高强度自攻螺钉

150
± 0.000

A 隔墙与地胶连接

某医院儿科诊室效果图

地胶踢脚 乳胶漆

3.500
3500
3350
1350
50
2100
± 0.000
150
1760 1000 300
3060

1 立面图一

地胶   石材   墙面彩绘
洁具

3.500
3500
3300
50
1100
850
± 0.000
150
1900 800 900 1500
5100

2 立面图二

地胶踢脚 石材窗台 原建筑窗

3.500
3500
3350
± 0.000
150
3060

3 立面图三

地胶踢脚   木饰面   乳胶漆

3.500
3500
3350
200
3150
± 0.000
150
500 1100 1200 1200 1100
5100

4 立面图四

某园博馆效果图

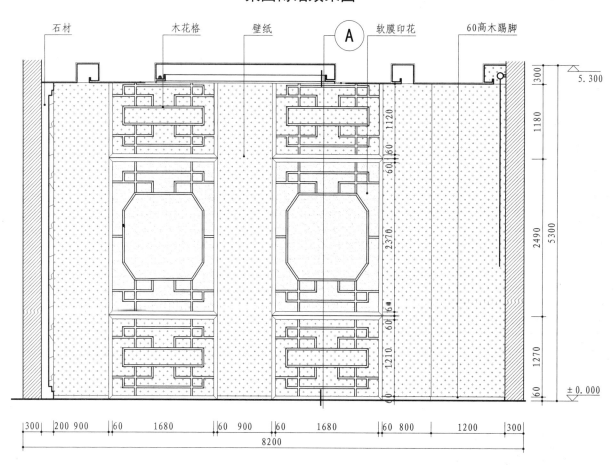

石材　　　　木花格　　　壁纸　　　　Ⓐ　　软膜印花　　　60高木踢脚

① 立面图

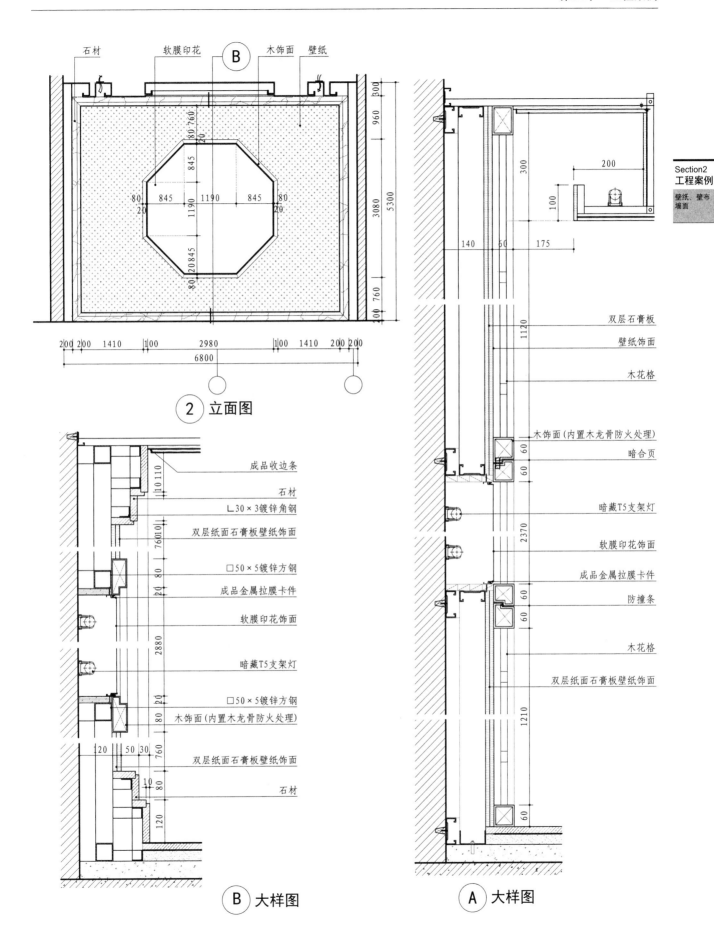

石材　软膜印花　B　木饰面　壁纸

Section2
工程案例
壁纸、壁布
墙面

2 立面图

成品收边条
石材
L30×3镀锌角钢
双层纸面石膏板壁纸饰面
□50×5镀锌方钢
成品金属拉膜卡件
软膜印花饰面
暗藏T5支架灯
□50×5镀锌方钢
木饰面(内置木龙骨防火处理)
双层纸面石膏板壁纸饰面
石材

B 大样图

双层石膏板
壁纸饰面
木花格
木饰面(内置木龙骨防火处理)
暗合页
暗藏T5支架灯
软膜印花饰面
成品金属拉膜卡件
防撞条
木花格
双层纸面石膏板壁纸饰面

A 大样图

Section2
工程案例

壁纸、壁布
墙面

某餐饮楼包间效果图

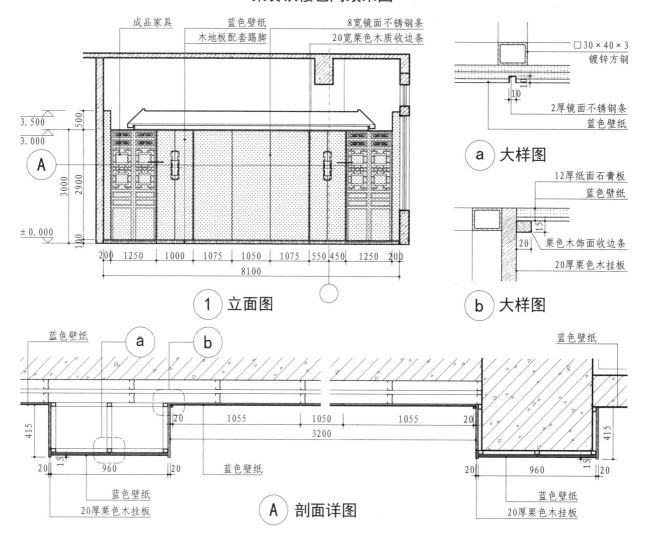

成品家具　　蓝色壁纸　　8宽镜面不锈钢条
木地板配套踢脚　　20宽栗色木质收边条

3.500
3.000
A
3000
2900
500
±0.000
100

200　1250　1000　1075　1050　1075　550　450　1250　200
8100

① 立面图

□ 30×40×3
镀锌方钢

10
10

2厚镜面不锈钢条
蓝色壁纸

ⓐ 大样图

12厚纸面石膏板
蓝色壁纸

15
20

栗色木饰面收边条
20厚栗色木挂板

ⓑ 大样图

蓝色壁纸　　ⓐ　　ⓑ

蓝色壁纸

415
20　15　960　20
20　1055　1050　1055　20
3200
蓝色壁纸

蓝色壁纸
20厚栗色木挂板

Ⓐ 剖面详图

415
20　960　15　20
蓝色壁纸
20厚栗色木挂板

某酒店中餐厅效果图

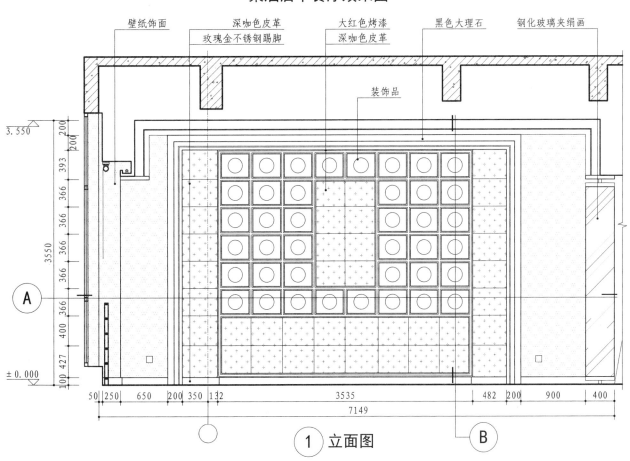

① 立面图

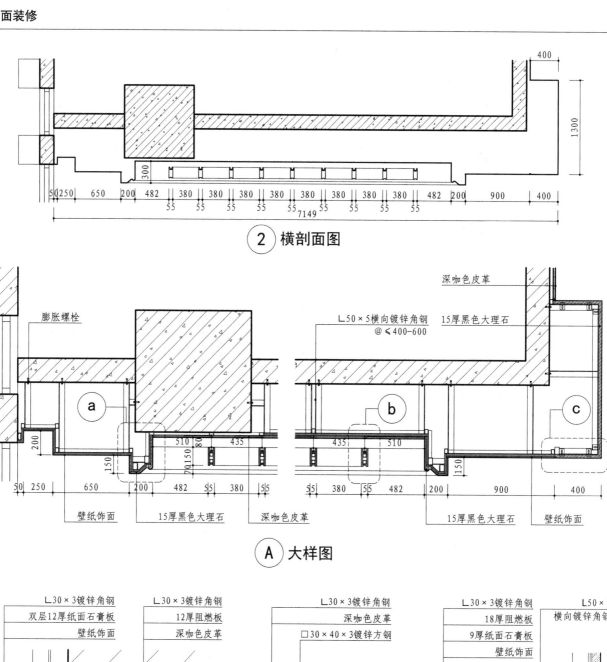

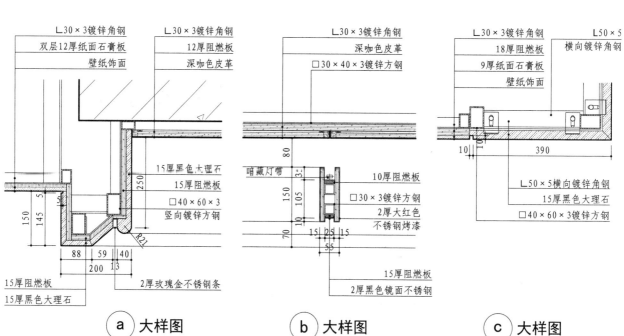

76

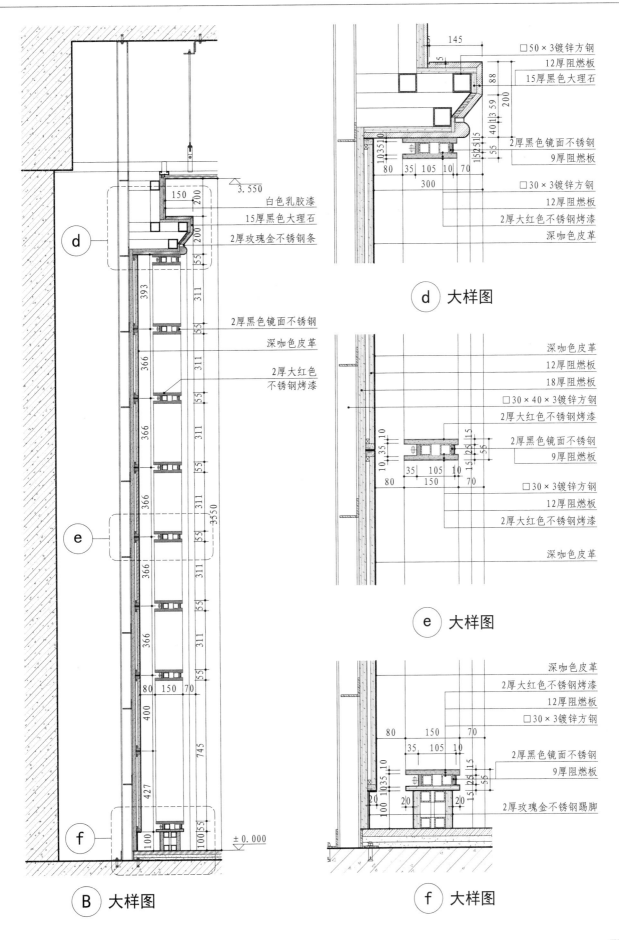

白色乳胶漆

15厚黑色大理石

2厚玫瑰金不锈钢条

2厚黑色镜面不锈钢

深咖色皮革

2厚大红色
不锈钢烤漆

□50×3镀锌方钢

12厚阻燃板

15厚黑色大理石

2厚黑色镜面不锈钢

9厚阻燃板

□30×3镀锌方钢

12厚阻燃板

2厚大红色不锈钢烤漆

深咖色皮革

d 大样图

深咖色皮革

12厚阻燃板

18厚阻燃板

□30×40×3镀锌方钢

2厚大红色不锈钢烤漆

2厚黑色镜面不锈钢

9厚阻燃板

□30×3镀锌方钢

12厚阻燃板

2厚大红色不锈钢烤漆

深咖色皮革

e 大样图

深咖色皮革

2厚大红色不锈钢烤漆

12厚阻燃板

□30×3镀锌方钢

2厚黑色镜面不锈钢

9厚阻燃板

2厚玫瑰金不锈钢踢脚

B 大样图

f 大样图

某办公室走廊效果图

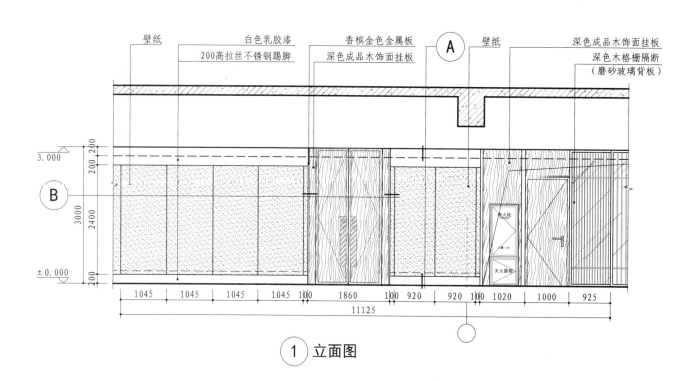

壁纸 　　白色乳胶漆 　　香槟金色金属板 　　Ⓐ　壁纸 　　深色成品木饰面挂板

200高拉丝不锈钢踢脚 　　深色成品木饰面挂板 　　深色木格栅隔断
（磨砂玻璃背板）

3.000

Ⓑ

1045 | 1045 | 1045 | 1045 | 100 | 1860 | 100 | 920 | 920 | 100 | 1020 | 1000 | 925

11125

① 立面图

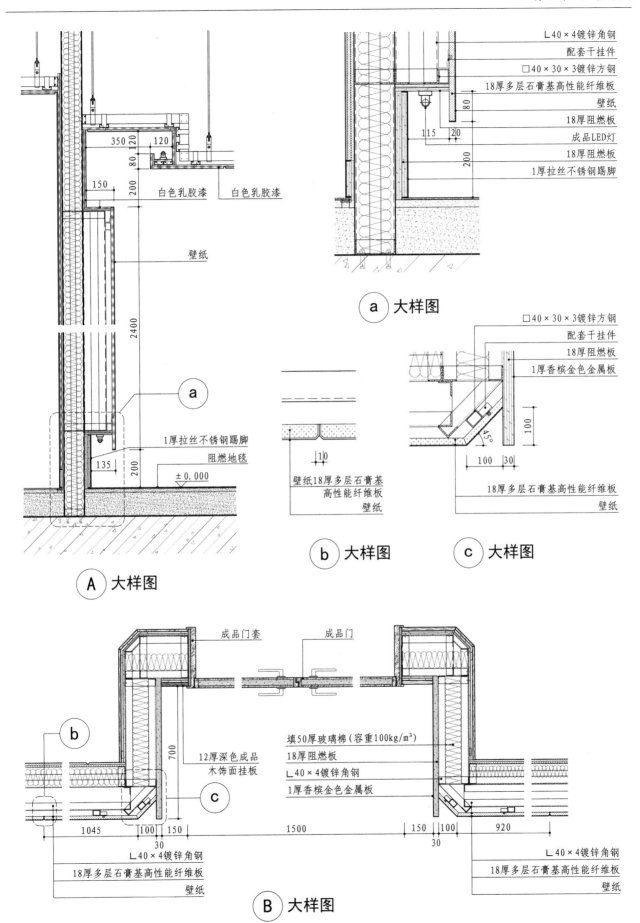

Section2
工程案例

壁纸、壁布
墙面

L40×4镀锌角钢
配套干挂件
□40×30×3镀锌方钢
18厚多层石膏基高性能纤维板
壁纸
18厚阻燃板
成品LED灯
18厚阻燃板
1厚拉丝不锈钢踢脚

白色乳胶漆　　白色乳胶漆

壁纸

a

1厚拉丝不锈钢踢脚
阻燃地毯
±0.000

（a）大样图

□40×30×3镀锌方钢
配套干挂件
18厚阻燃板
1厚香槟金色金属板

45°

18厚多层石膏基高性能纤维板
壁纸

壁纸18厚多层石膏基
高性能纤维板
壁纸

（b）大样图　　（c）大样图

（A）大样图

成品门套　　成品门

填50厚玻璃棉（容重100kg/m³）
18厚阻燃板
L40×4镀锌角钢
1厚香槟金色金属板

12厚深色成品
木饰面挂板

b

c

L40×4镀锌角钢
18厚多层石膏基高性能纤维板
壁纸

L40×4镀锌角钢
18厚多层石膏基高性能纤维板
壁纸

（B）大样图

某样板间精装修效果图

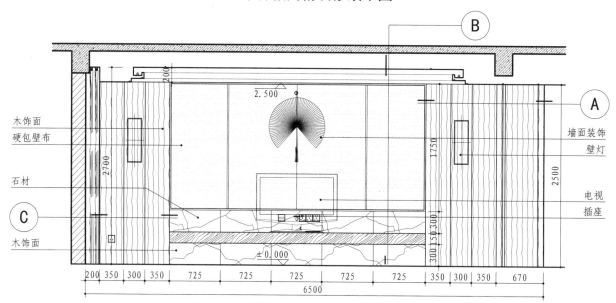

木饰面

硬包壁布

石材

木饰面

2.500

2700

2500

1750

300 150 300

墙面装饰

壁灯

电视
插座

±0.000

200 350 300 350 725 725 725 725 725 350 300 350 670

6500

① 电视背景墙立面图

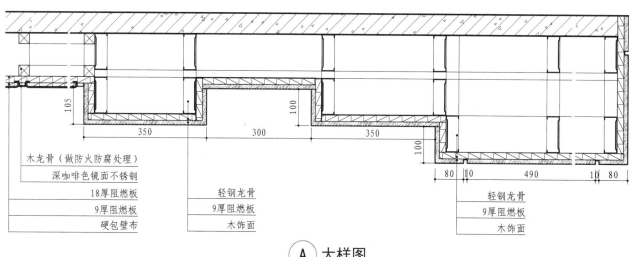

木龙骨（做防火防腐处理）

深咖啡色镜面不锈钢

18厚阻燃板

9厚阻燃板

硬包壁布

轻钢龙骨

9厚阻燃板

木饰面

轻钢龙骨

9厚阻燃板

木饰面

105

100

100

350 300 350

80 10 490 10 80

Ⓐ 大样图

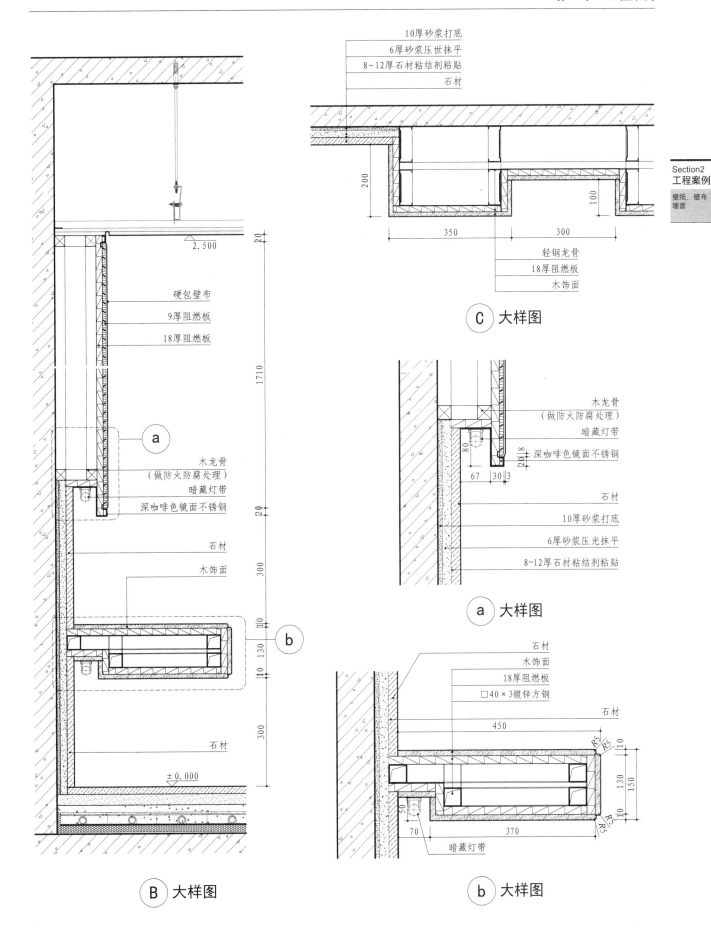

10厚砂浆打底
6厚砂浆压世抹平
8~12厚石材粘结剂粘贴
石材

2.500
20

硬包壁布
9厚阻燃板
18厚阻燃板

1710

a

木龙骨
（做防火防腐处理）
暗藏灯带
深咖啡色镜面不锈钢

20

石材

木饰面

300

b

110
130
110

300

石材

±0.000

轻钢龙骨
18厚阻燃板
木饰面

C 大样图

木龙骨
（做防火防腐处理）
暗藏灯带
深咖啡色镜面不锈钢

80
20 8

67　30 3

石材

10厚砂浆打底

6厚砂浆压光抹平

8~12厚石材粘结剂粘贴

a 大样图

石材
木饰面
18厚阻燃板
□40×3镀锌方钢

石材

450

R5
110
130
150
110
R5

50

70　　370

暗藏灯带

B 大样图

b 大样图

81

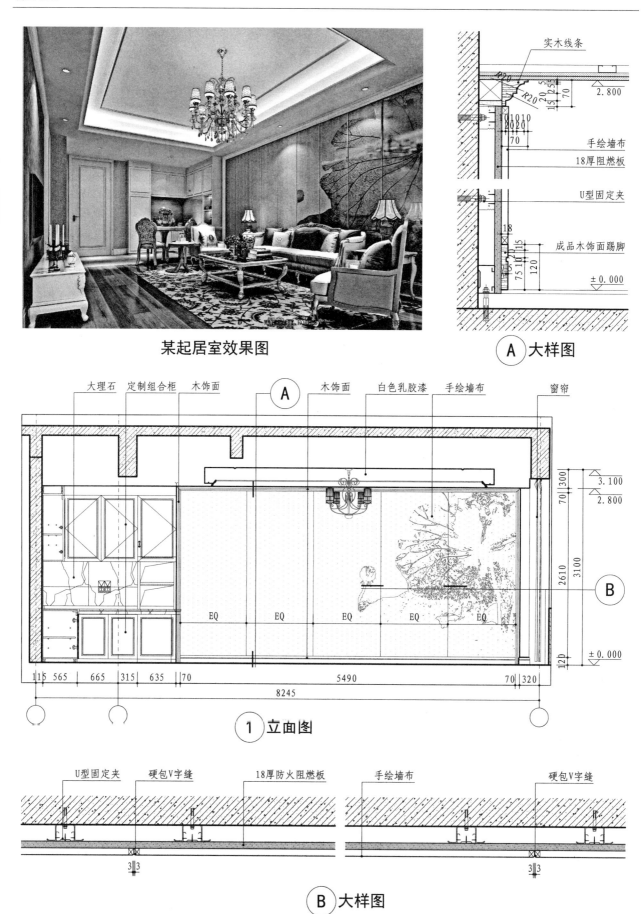

某起居室效果图

实木线条

手绘墙布

18厚阻燃板

U型固定夹

成品木饰面踢脚

±0.000

2.800

Ⓐ 大样图

大理石　定制组合柜　木饰面　　　木饰面　白色乳胶漆　手绘墙布　　窗帘

A

B

3.100
2.800

±0.000

EQ　　　EQ　　　EQ　　　EQ　　　EQ

115 565   665 315 635 70　　　　　5490　　　　　70 320

8245

① 立面图

U型固定夹　硬包V字缝　　18厚防火阻燃板　　手绘墙布　　　硬包V字缝

3∥3　　　　　　　　　　　　　　　　　3∥3

Ⓑ 大样图

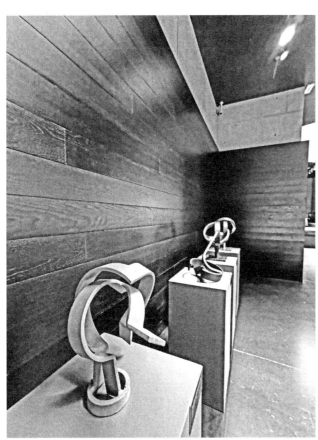

Section2
工程案例

木质类饰面
实例

Section2
工程案例

木质类饰面
实例

墙面装修

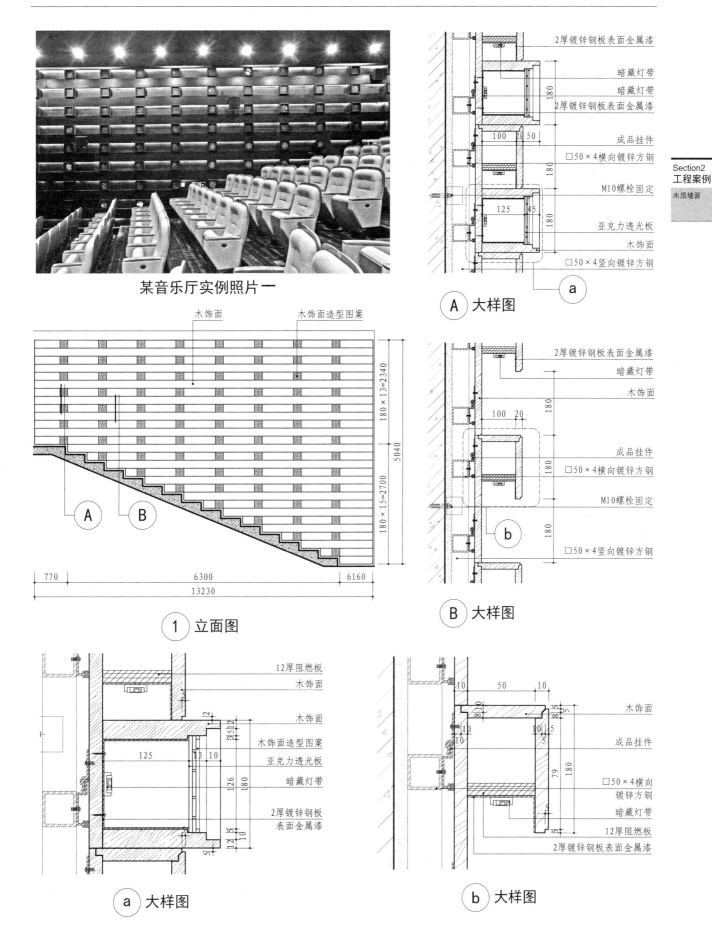

某音乐厅实例照片一

木饰面　　木饰面造型图案

180×13=2340
180×15=2700
5040

770　　　6300　　　6160
13230

1 立面图

A 大样图

2厚镀锌钢板表面金属漆
暗藏灯带
暗藏灯带
2厚镀锌钢板表面金属漆
100 20 50
成品挂件
□50×4横向镀锌方钢
180
180
180
M10螺栓固定
125 45
亚克力透光板
木饰面
□50×4竖向镀锌方钢
a

B 大样图

2厚镀锌钢板表面金属漆
暗藏灯带
木饰面
100 20
180
成品挂件
□50×4横向镀锌方钢
180
M10螺栓固定
180
□50×4竖向镀锌方钢
b

a 大样图

12厚阻燃板
木饰面
木饰面
木饰面造型图案
亚克力透光板
暗藏灯带
2厚镀锌钢板表面金属漆
125 13 10
126 180

b 大样图

10 50 10
木饰面
成品挂件
10
79 180
□50×4横向镀锌方钢
暗藏灯带
12厚阻燃板
2厚镀锌钢板表面金属漆

Section2
工程案例
木质墙面

Section2
工程案例
木质墙面

某音乐厅实例照片二

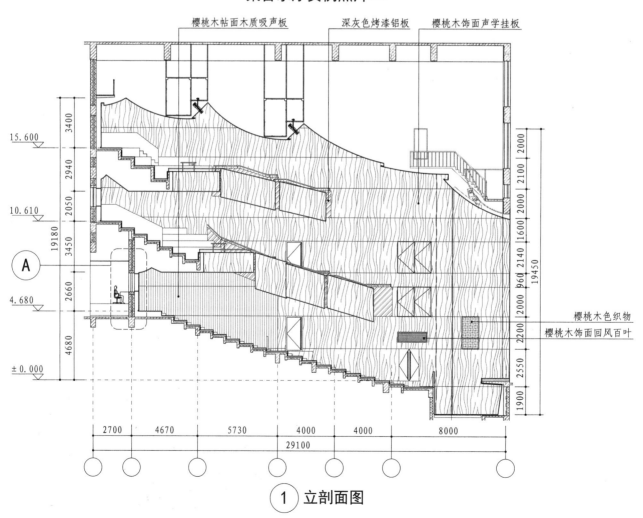

① 立剖面图

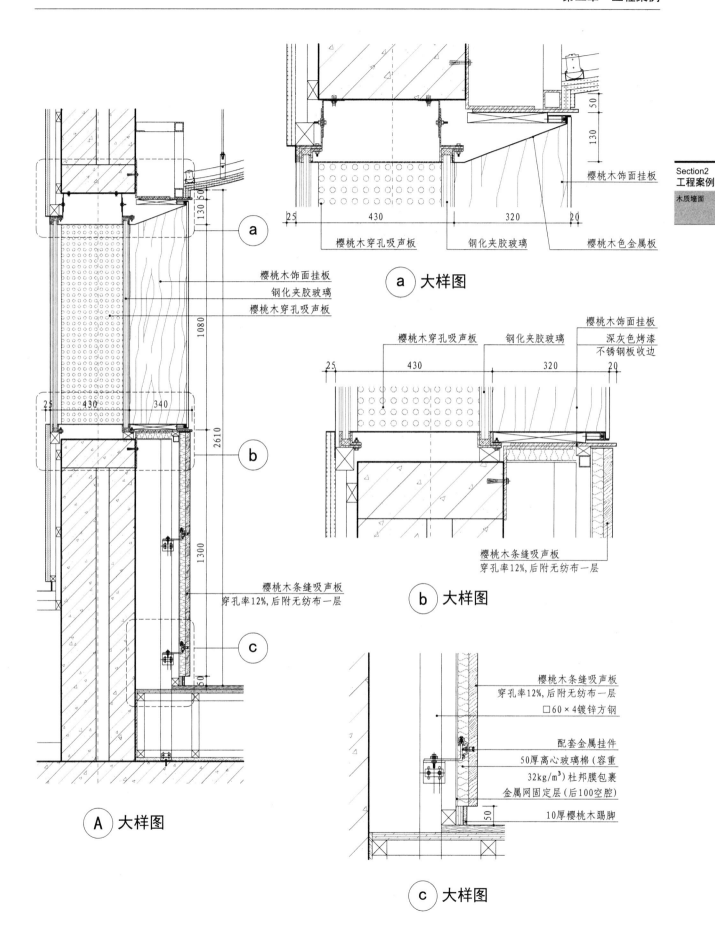

樱桃木饰面挂板

樱桃木穿孔吸声板   钢化夹胶玻璃   樱桃木色金属板

ⓐ 大样图

樱桃木穿孔吸声板   钢化夹胶玻璃   樱桃木饰面挂板   深灰色烤漆不锈钢板收边

樱桃木条缝吸声板
穿孔率12%,后附无纺布一层

ⓑ 大样图

樱桃木饰面挂板
钢化夹胶玻璃
樱桃木穿孔吸声板

樱桃木条缝吸声板
穿孔率12%,后附无纺布一层

樱桃木条缝吸声板
穿孔率12%,后附无纺布一层
□60×4镀锌方钢

配套金属挂件
50厚离心玻璃棉(容重
32kg/m³)杜邦膜包裹
金属网固定层(后100空腔)
10厚樱桃木踢脚

Ⓐ 大样图

ⓒ 大样图

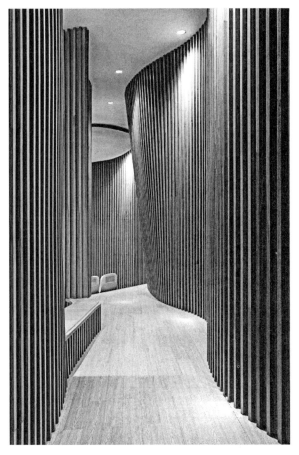

音乐厅走廊实例照片

竖向口50×3镀锌方钢@1000
30厚白橡木饰面装饰挂板
表面哑光漆
12厚阻燃板
成品配套金属挂件
白橡木饰面踢脚板
表面哑光漆
实木地板
40×60双向木龙骨基层
@400防腐处理
原地面水泥砂浆找平

L50×5镀锌角钢@600
L50×5镀锌角钢

木龙骨基层
钢板预埋与角钢焊接

M12化学螺栓

30
50

Ⓐ 大样图

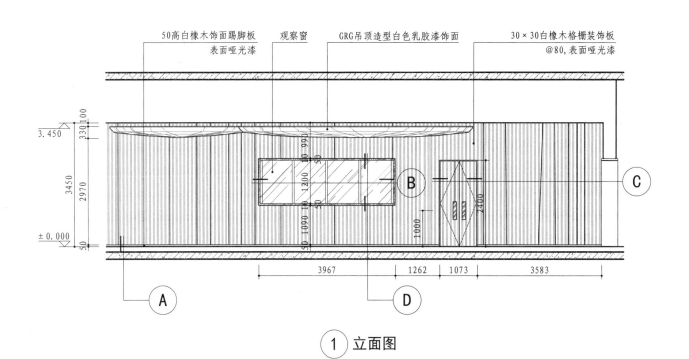

50高白橡木饰面踢脚板
表面哑光漆
观察窗
GRG吊顶造型白色乳胶漆饰面
30×30白橡木格栅装饰板
@80,表面哑光漆

3.450
330 100
3450
2970
±0.000
50
3967 1262 1073 3583

Ⓐ Ⓓ Ⓑ Ⓒ

① 立面图

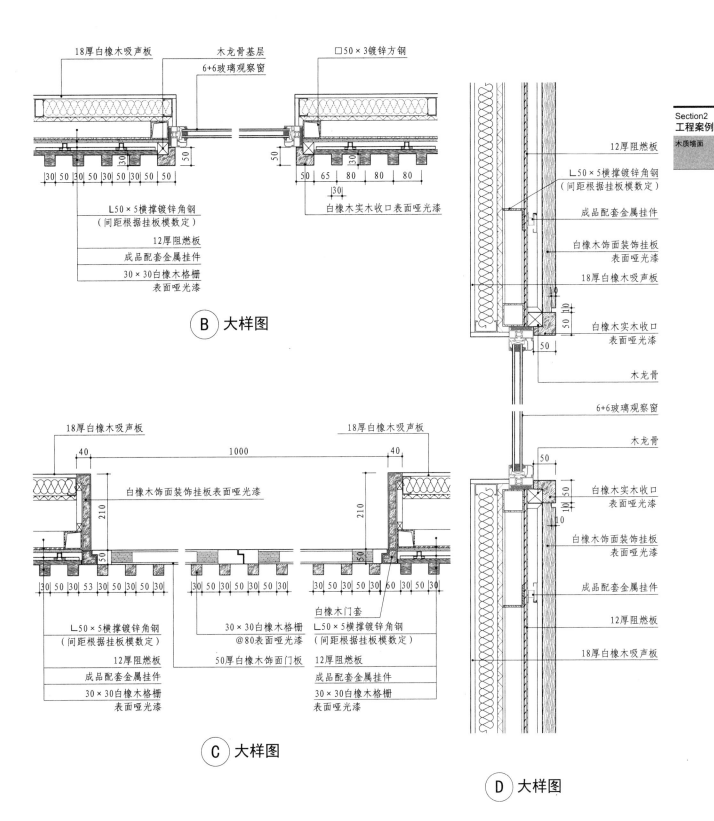

某园博馆报告厅效果图

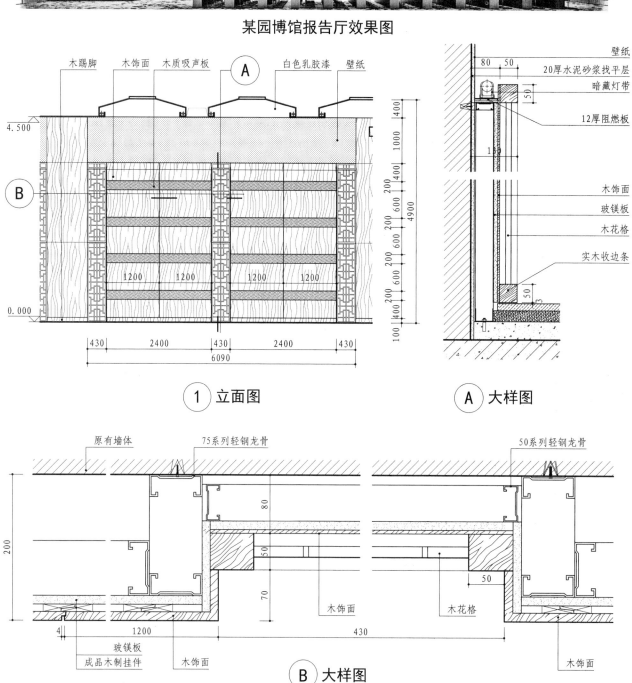

木踢脚　木饰面　木质吸声板　Ⓐ　　白色乳胶漆　壁纸

4.500

Ⓑ

1200　1200　　1200　1200

0.000

430　2400　430　2400　430

6090

400
1000
400
200
400
200
600
200
400
4900
200
600
200
400
200
400
100

① 立面图

壁纸
80　50
20厚水泥砂浆找平层
50
暗藏灯带
12厚阻燃板

木饰面
玻镁板
木花格

实木收边条
50

Ⓐ 大样图

原有墙体　　75系列轻钢龙骨　　　　　　50系列轻钢龙骨

200
80
50
70
4
1200
430

玻镁板
成品木制挂件
木饰面
木饰面
木花格
木饰面

Ⓑ 大样图

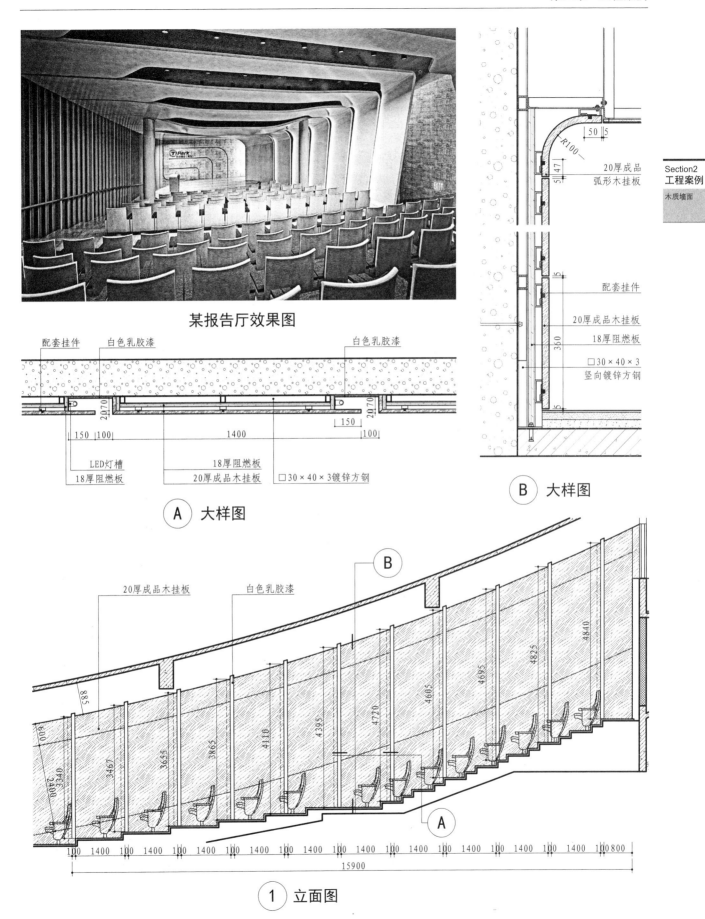

某报告厅效果图

配套挂件　白色乳胶漆　　　　　　　　白色乳胶漆

2070　　　　　　　　　　　　　　2070

150 100　　　　1400　　　　150 100

LED灯槽　　　　18厚阻燃板
18厚阻燃板　　　20厚成品木挂板　□30×40×3镀锌方钢

Ⓐ 大样图

Section2
工程案例

木质墙面

50 5
R100
5 47

20厚成品
弧形木挂板

5
350

配套挂件

20厚成品木挂板

18厚阻燃板

□30×40×3
竖向镀锌方钢

5

Ⓑ 大样图

20厚成品木挂板　　　白色乳胶漆　　　Ⓑ

885　600　340 2400　3467　3655　3865　4110　4395　4720　4605　4695　4825　4840

Ⓐ

100 1400 100 1400 100 1400 100 1400 100 1400 100 1400 100 1400 100 1400 100 1400 100 800

15900

① 立面图

某工程学院多功能报告厅效果图

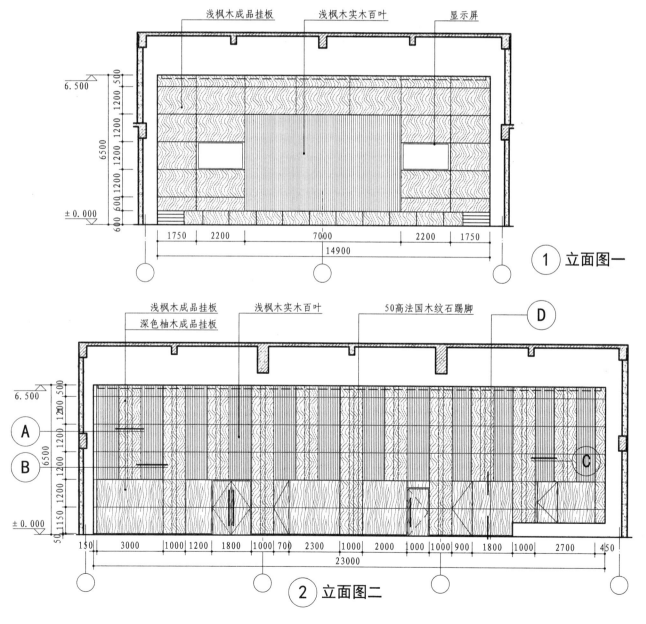

浅枫木成品挂板　　浅枫木实木百叶　　显示屏

6.500

6500

± 0.000

1750　2200　　7000　　2200　1750

14900

① 立面图一

浅枫木成品挂板　浅枫木实木百叶　50高法国木纹石踢脚　　D

深色柚木成品挂板

6.500

A

B　6500

± 0.000

C

150　3000　1000 1200　1800　1000 700　2300　1000　2000 1000 1000 900　1800　1000　2700　450

23000

② 立面图二

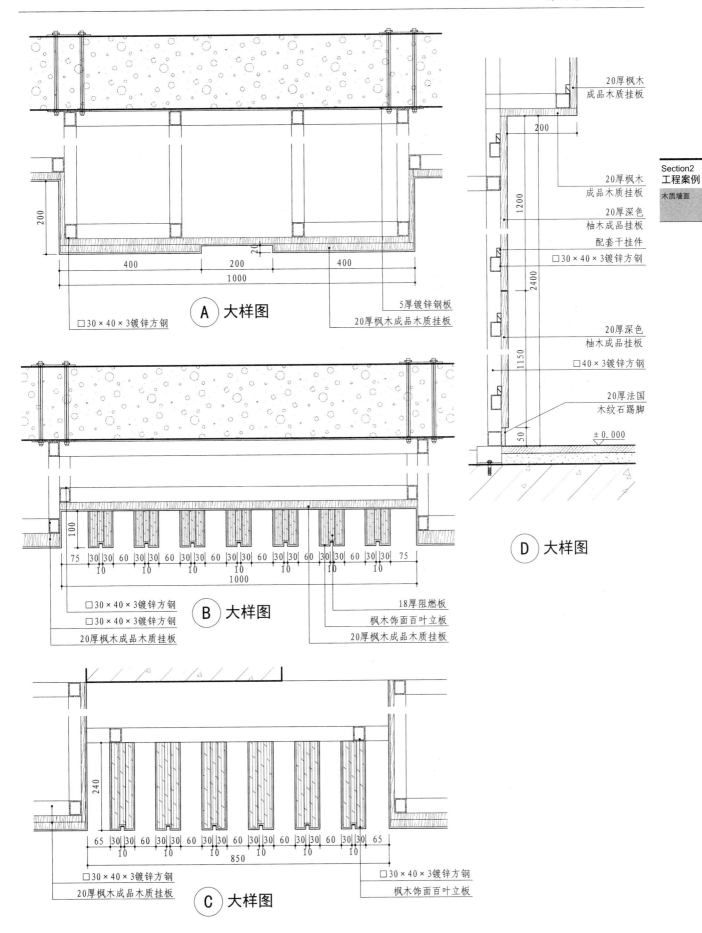

20厚枫木
成品木质挂板

200

20厚枫木
成品木质挂板

20厚深色
柚木成品挂板

配套干挂件

□30×40×3镀锌方钢

1200

2400

20厚深色
柚木成品挂板

□40×3镀锌方钢

1150

20厚法国
木纹石踢脚

50

± 0.000

Ⓓ 大样图

200

400　　200　　400

1000

Ⓐ 大样图

□30×40×3镀锌方钢

5厚镀锌钢板
20厚枫木成品木质挂板

100

75 30 30 60 30 30 60 30 30 60 30 30 60 30 30 60 30 30 75
10　　10　　10　　10　　10　　10　　10
1000

□30×40×3镀锌方钢
□30×40×3镀锌方钢
20厚枫木成品木质挂板

Ⓑ 大样图

18厚阻燃板
枫木饰面百叶立板
20厚枫木成品木质挂板

240

65 30 30 60 30 30 60 30 30 60 30 30 60 30 30 65
10　　10　　10　　10　　10
850

□30×40×3镀锌方钢
20厚枫木成品木质挂板

Ⓒ 大样图

□30×40×3镀锌方钢
枫木饰面百叶立板

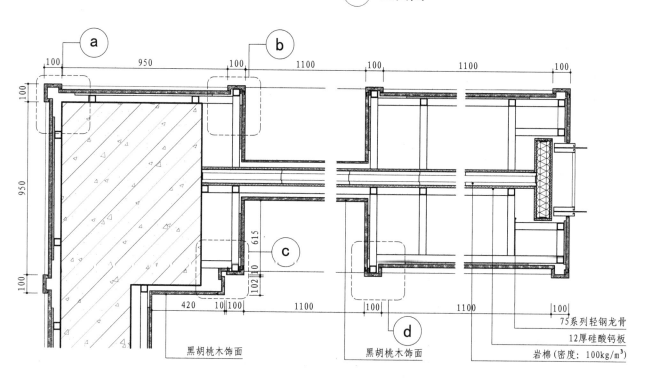

某图书馆中庭效果图

③ 1 立面图

3.190

± 0.000

540 10 100   1100   100   1100   100

a

b

c

d

黑胡桃木饰面

黑胡桃木饰面

75系列轻钢龙骨

12厚硅酸钙板

岩棉(密度: 100kg/m³)

100   950   100   1100   100   1100   100

950

615

420 10 100   1100   100   1100   100

Ⓐ 大样图

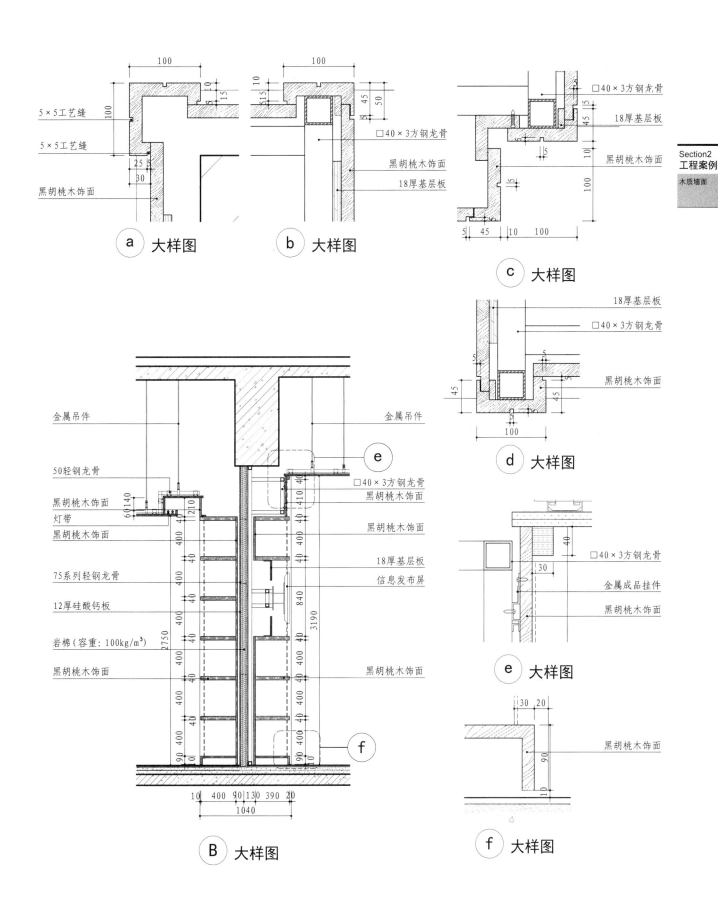

5×5工艺缝

5×5工艺缝

黑胡桃木饰面

(a) 大样图

□40×3方钢龙骨

黑胡桃木饰面

18厚基层板

(b) 大样图

□40×3方钢龙骨

18厚基层板

黑胡桃木饰面

(c) 大样图

18厚基层板

□40×3方钢龙骨

黑胡桃木饰面

(d) 大样图

金属吊件

金属吊件

50轻钢龙骨

□40×3方钢龙骨

黑胡桃木饰面

黑胡桃木饰面

灯带

黑胡桃木饰面

黑胡桃木饰面

18厚基层板

75系列轻钢龙骨

信息发布屏

12厚硅酸钙板

岩棉（容重：100kg/m³）

黑胡桃木饰面

黑胡桃木饰面

(B) 大样图

□40×3方钢龙骨

金属成品挂件

黑胡桃木饰面

(e) 大样图

黑胡桃木饰面

(f) 大样图

Section2
工程案例

木质墙面

某艺术馆一层门厅效果图

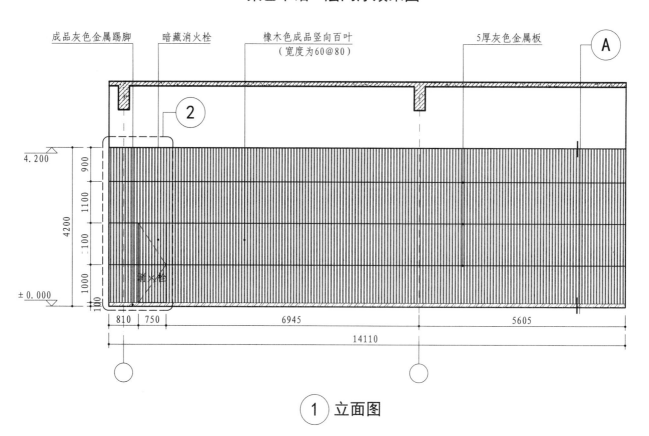

成品灰色金属踢脚　暗藏消火栓　橡木色成品竖向百叶
（宽度为60@80）　　5厚灰色金属板　Ⓐ

① 立面图

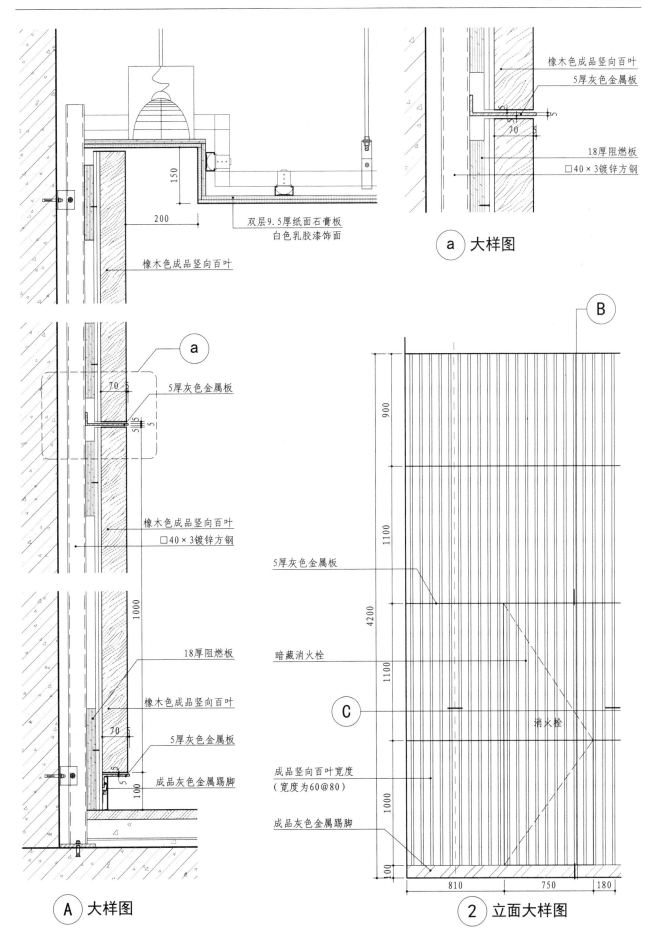

150

200

双层9.5厚纸面石膏板
白色乳胶漆饰面

橡木色成品竖向百叶

橡木色成品竖向百叶
5厚灰色金属板

70

18厚阻燃板
□40×3镀锌方钢

ⓐ 大样图

ⓐ

70

5厚灰色金属板

5

橡木色成品竖向百叶
□40×3镀锌方钢

1000

18厚阻燃板

橡木色成品竖向百叶

70

5厚灰色金属板

5

100

成品灰色金属踢脚

Ⓐ 大样图

B

900

1100

4200

5厚灰色金属板

1100

暗藏消火栓

C

消火栓

成品竖向百叶宽度
（宽度为60@80）

1000

成品灰色金属踢脚

100

810   750   180

② 立面大样图

97

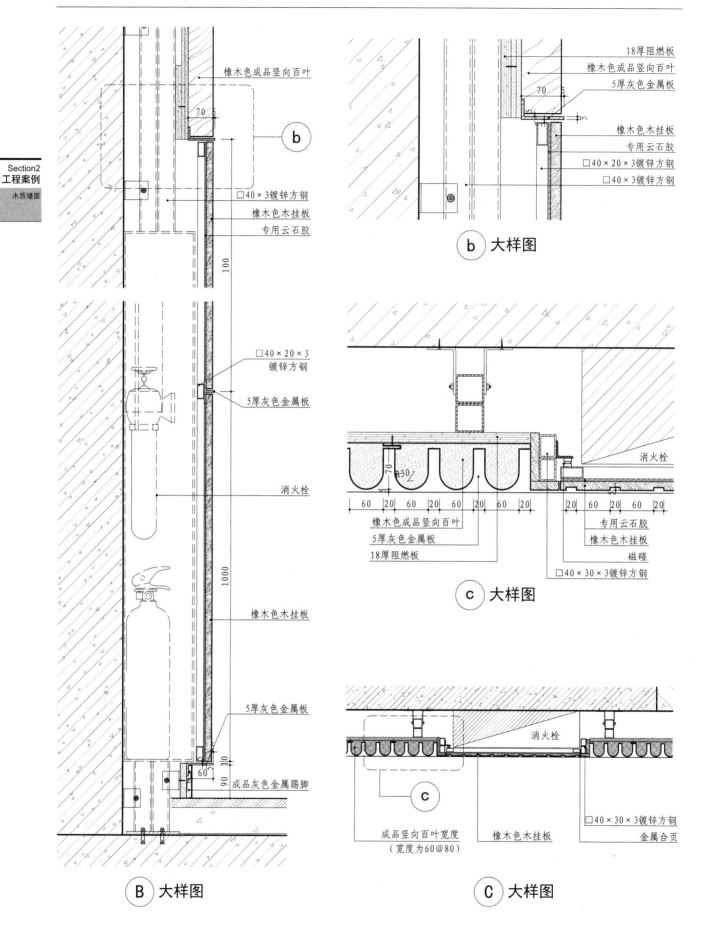

橡木色成品竖向百叶

7 0 5

b

□40×3镀锌方钢
橡木色木挂板
专用云石胶

100

□40×20×3
镀锌方钢

5厚灰色金属板

消火栓

1000

橡木色木挂板

5厚灰色金属板

10
60
90 成品灰色金属踢脚

B 大样图

18厚阻燃板
橡木色成品竖向百叶
5厚灰色金属板

70

5

橡木色木挂板
专用云石胶
□40×20×3镀锌方钢
□40×3镀锌方钢

b 大样图

消火栓

70
R30

60 20 60 20 60 20 60 20   20 60 20 60 20
橡木色成品竖向百叶   专用云石胶
5厚灰色金属板   橡木色木挂板
18厚阻燃板   磁碰
□40×30×3镀锌方钢

c 大样图

消火栓

c

成品竖向百叶宽度   橡木色木挂板
（宽度为60@80）   □40×30×3镀锌方钢
                                    金属合页

C 大样图

某宴会厅效果图

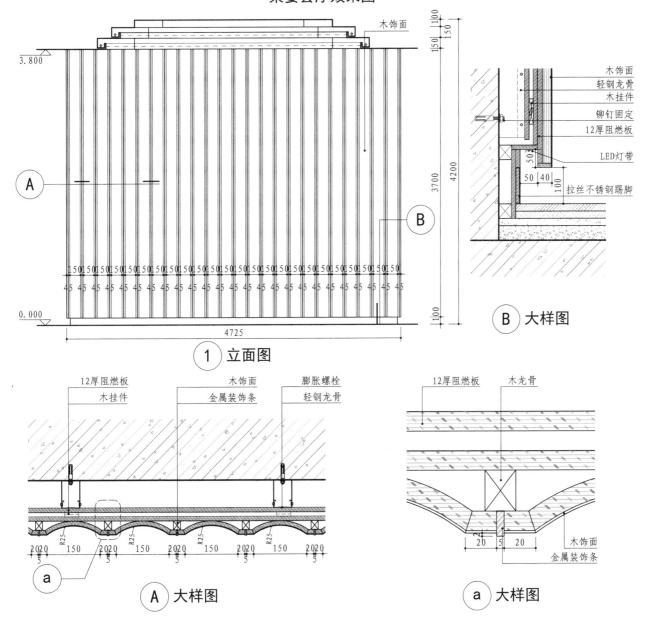

木饰面

3.800

A

150150150150150150150150150150150150150150150150150150150150150150150150150150150150

45 45 45 45 45 45 45 45 45 45 45 45 45 45 45 45 45 45 45 45 45 45 45 45 45 45 45 45 45

0.000

4725

①　立面图

B

木饰面
轻钢龙骨
木挂件
铆钉固定
12厚阻燃板
LED灯带
拉丝不锈钢踢脚

Ⓑ　大样图

150 100
150
3700
4200
100
50
50 40
100

12厚阻燃板
木挂件
木饰面
金属装饰条
膨胀螺栓
轻钢龙骨

R25 R25 R25 R25

2020 150 2020 150 2020 150 2020 150 2020
5 5 5 5

a

Ⓐ　大样图

12厚阻燃板
木龙骨

20 5 20

木饰面
金属装饰条

ⓐ　大样图

99

某宴会厅效果图

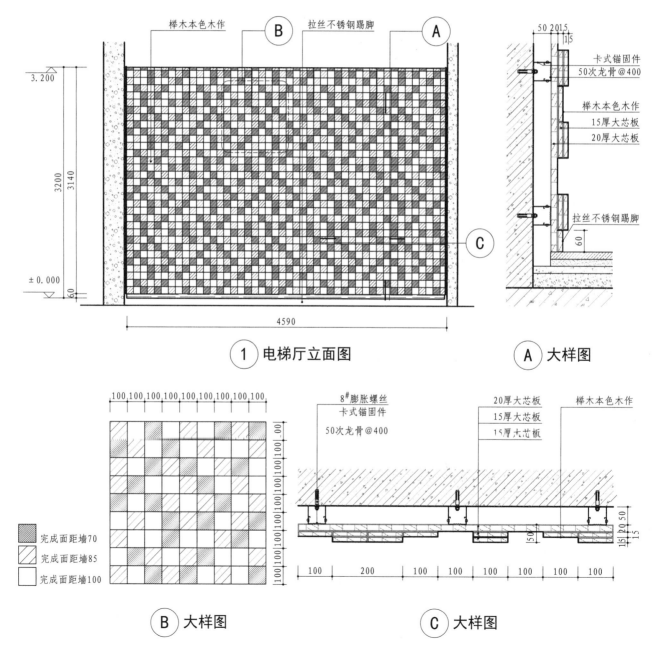

榉木本色木作　　　B　　　拉丝不锈钢踢脚　　　A

3.200

3200
3140

±0.000
60

4590

① 电梯厅立面图

C

A 大样图

卡式锚固件
50次龙骨@400

榉木本色木作
15厚大芯板
20厚大芯板

拉丝不锈钢踢脚
60

50 20 15
15

100 100 100 100 100 100 100 100 100

100 100 100 100 100 100 100 100 100

▨ 完成面距墙70
▧ 完成面距墙85
□ 完成面距墙100

B 大样图

8#膨胀螺丝
卡式锚固件
50次龙骨@400

20厚大芯板
15厚大芯板
15厚大芯板

榉木本色木作

15 20 50
15

100　200　100　100　100　100　100　100

C 大样图

某集团总部贵宾接待室效果图

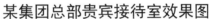

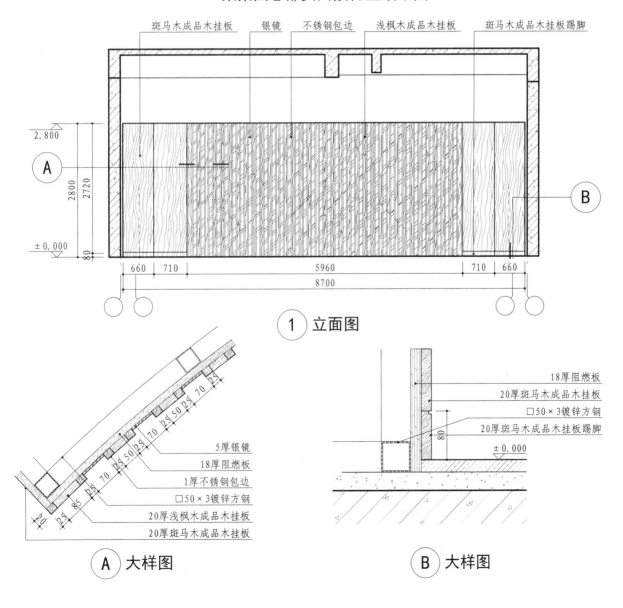

斑马木成品木挂板　银镜　不锈钢包边　浅枫木成品木挂板　斑马木成品木挂板踢脚

2.800

A

2800
2720

± 0.000
80

660　710　5960　710　660
8700

B

① 立面图

5厚银镜
18厚阻燃板
1厚不锈钢包边
□50×3镀锌方钢
20厚浅枫木成品木挂板
20厚斑马木成品木挂板

Ⓐ 大样图

18厚阻燃板
20厚斑马木成品木挂板
□50×3镀锌方钢
20厚斑马木成品木挂板踢脚
± 0.000
80

Ⓑ 大样图

某售楼处销售大厅效果图

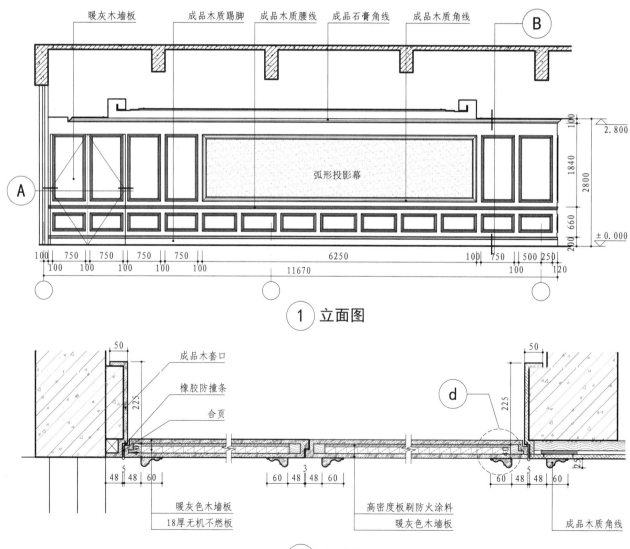

暖灰木墙板　成品木质踢脚　成品木质腰线　成品石膏角线　成品木质角线　　B

弧形投影幕

100
2.800
1840
2800
660
200
± 0.000

100　750　750　750　750　　　　6250　　　　100　750　500 250
100　100　100　100　100　　　11670　　　100　120

（1）立面图

50
成品木套口
橡胶防撞条
合页

50

225
225

d

48　48　60　　　60　48　48　60　　　　　60　48　48　60

暖灰色木墙板
18厚无机不燃板

高密度板刷防火涂料
暖灰色木墙板

成品木质角线

Ⓐ 大样图

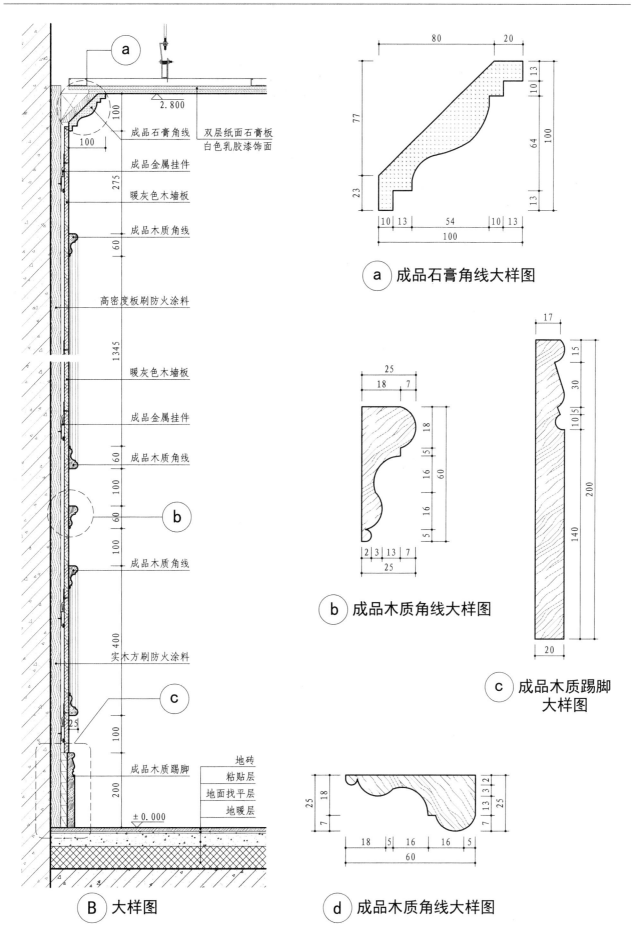

a 成品石膏角线大样图

b 成品木质角线大样图

c 成品木质踢脚
大样图

B 大样图

d 成品木质角线大样图

Section2
工程案例

陶瓷墙砖
实例

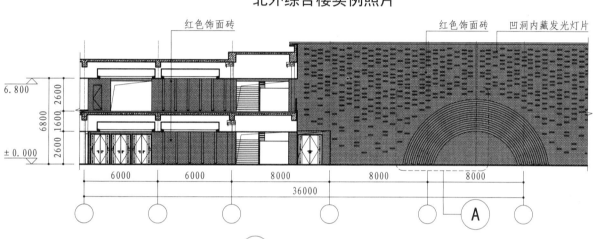

北外综合楼实例照片

①　立面图一

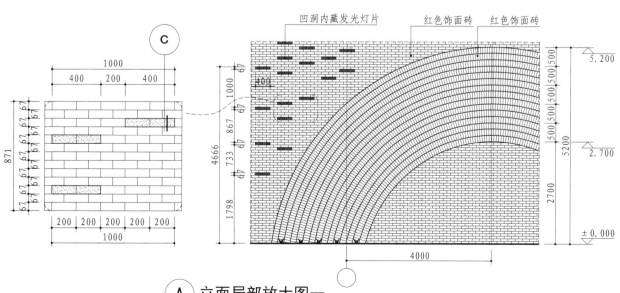

Ⓐ　立面局部放大图一

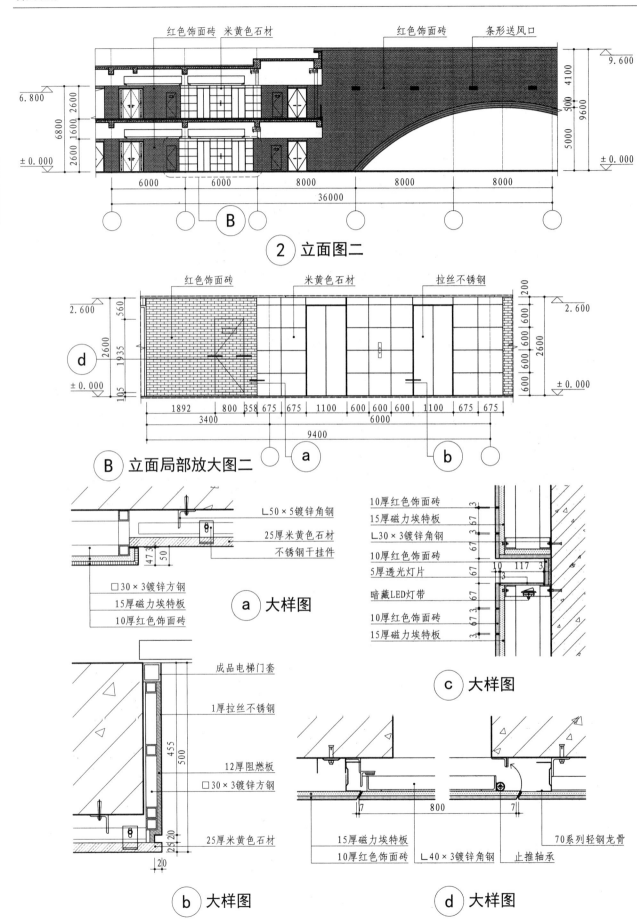

红色饰面砖　米黄色石材　　　　　　红色饰面砖　　条形送风口

2　立面图二

红色饰面砖　　　　　米黄色石材　　　　拉丝不锈钢

B　立面局部放大图二

L50×5镀锌角钢
25厚米黄色石材
不锈钢干挂件
□30×3镀锌方钢
15厚磁力埃特板
10厚红色饰面砖

a　大样图

10厚红色饰面砖
15厚磁力埃特板
L30×3镀锌角钢
10厚红色饰面砖
5厚透光灯片
暗藏LED灯带
10厚红色饰面砖
15厚磁力埃特板

c　大样图

成品电梯门套
1厚拉丝不锈钢
12厚阻燃板
□30×3镀锌方钢
25厚米黄色石材

b　大样图

15厚磁力埃特板
10厚红色饰面砖　　L40×3镀锌角钢　　止推轴承
70系列轻钢龙骨

d　大样图

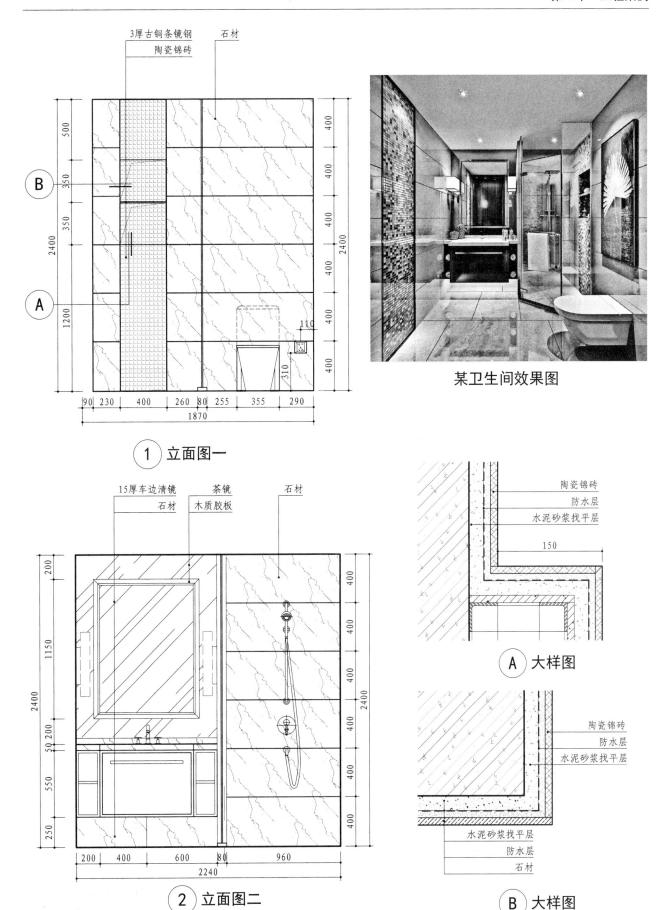

3厚古铜条镜钢   石材
陶瓷锦砖

B

A

500
350
350
2400
1200

110
310

400
400
400
400
400
400

90 230   400   260 80 255   355   290
1870

① 立面图一

某卫生间效果图

Section2
工程案例
陶瓷砖墙面

15厚车边清镜   茶镜   石材
石材   木质胶板

200
1150
50 200
50
550
250
2400

400
400
400
400
400
400
2400

200   400   600 80   960
2240

② 立面图二

陶瓷锦砖
防水层
水泥砂浆找平层

150

Ⓐ 大样图

陶瓷锦砖
防水层
水泥砂浆找平层

水泥砂浆找平层
防水层
石材

Ⓑ 大样图

Section2
工程案例

石材实例

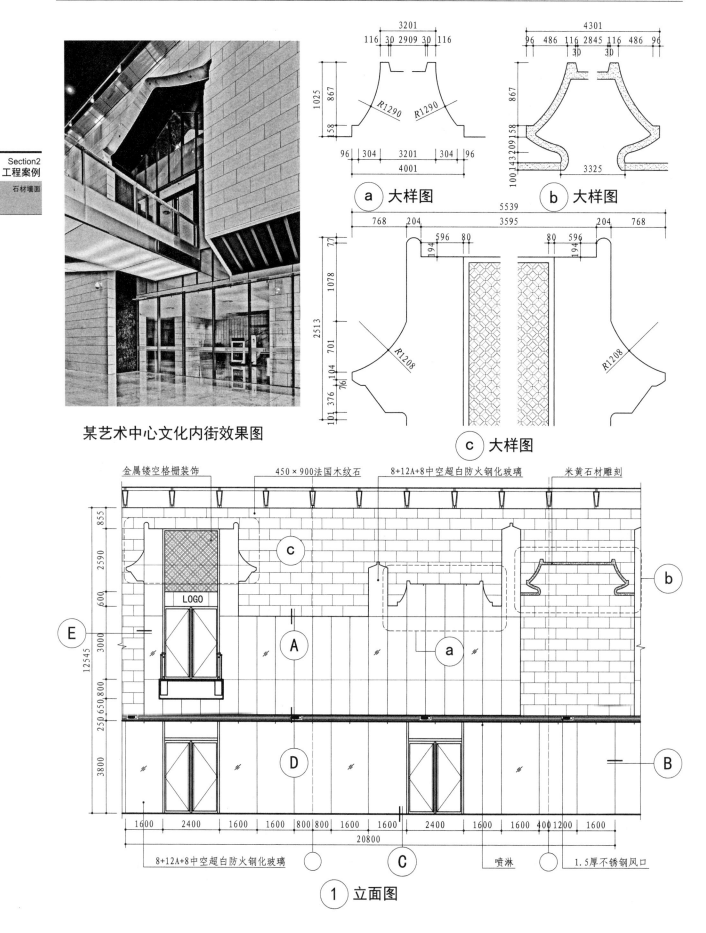

某艺术中心文化内街效果图

ⓐ 大样图

ⓑ 大样图

ⓒ 大样图

金属镂空格栅装饰 　　450×900法国木纹石 　　8+12A+8中空超白防火钢化玻璃 　　米黄石材雕刻

LOGO

8+12A+8中空超白防火钢化玻璃 　　　　　　　　　　　　喷淋 　　1.5厚不锈钢风口

① 立面图

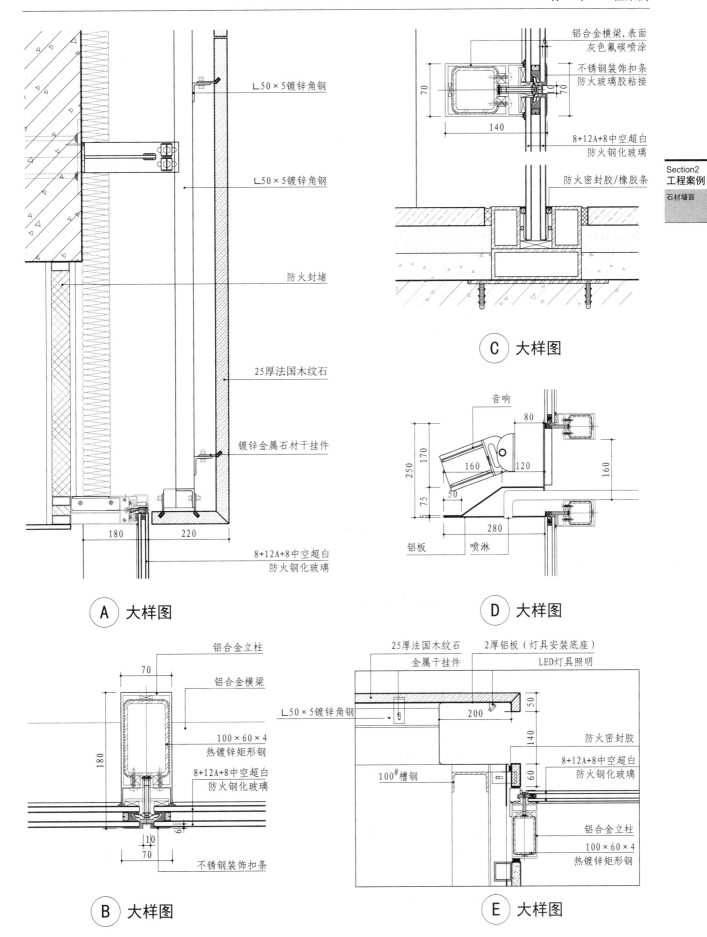

L50×5镀锌角钢

L50×5镀锌角钢

防火封堵

25厚法国木纹石

镀锌金属石材干挂件

180　　220

8+12A+8中空超白
防火钢化玻璃

Ⓐ 大样图

铝合金横梁,表面
灰色氟碳喷涂

不锈钢装饰扣条
防火玻璃胶粘接

70

140

8+12A+8中空超白
防火钢化玻璃

防火密封胶/橡胶条

Ⓒ 大样图

音响

80

250　170

160　120

160

75

50

280

铝板　　喷淋

Ⓓ 大样图

铝合金立柱

70

铝合金横梁

180

100×60×4
热镀锌矩形钢

8+12A+8中空超白
防火钢化玻璃

10

70

不锈钢装饰扣条

Ⓑ 大样图

25厚法国木纹石
金属干挂件

2厚铝板（灯具安装底座）

LED灯具照明

L50×5镀锌角钢

200

50

140

60

防火密封胶

8+12A+8中空超白
防火钢化玻璃

100#槽钢

铝合金立柱

100×60×4
热镀锌矩形钢

Ⓔ 大样图

环球时报走廊实例照片

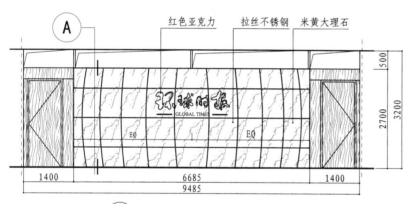

① 环球时报背景墙立面图

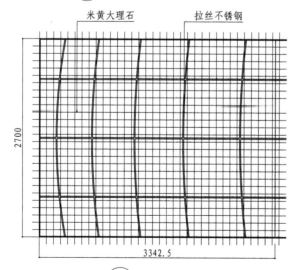

② 石材放样图

网格尺寸为100×100

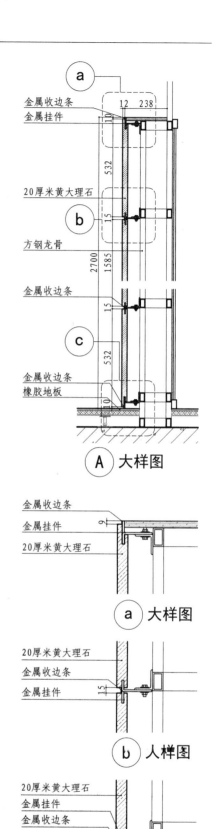

Ⓐ 大样图

ⓐ 大样图

ⓑ 大样图

ⓒ 大样图

某大会议室效果图

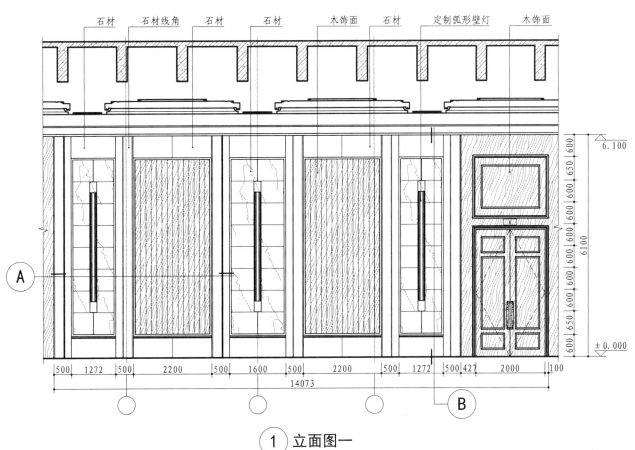

石材　石材线角　石材　石材　木饰面　石材　定制弧形壁灯　木饰面

6.100

600 600 600 650 600 600 600 600 600 650 600

6100

± 0.000

500 1272 500 2200 500 1600 500 2200 500 1272 500 427 2000 100

14073

A

B

① 立面图一

113

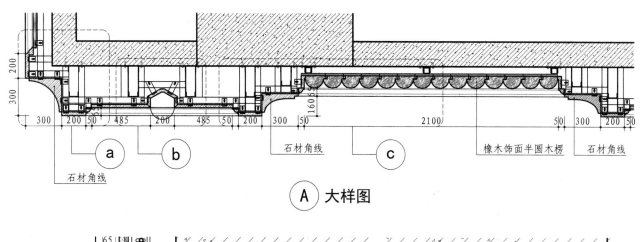

(A) 大样图

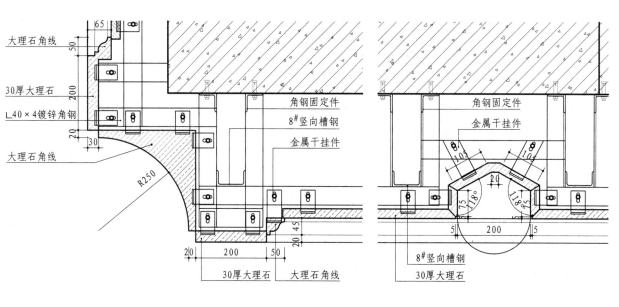

(a) 大样图   (b) 大样图

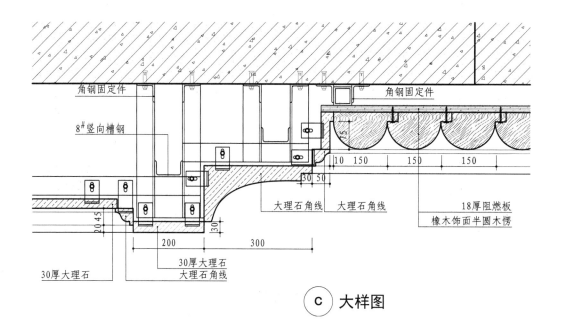

(c) 大样图

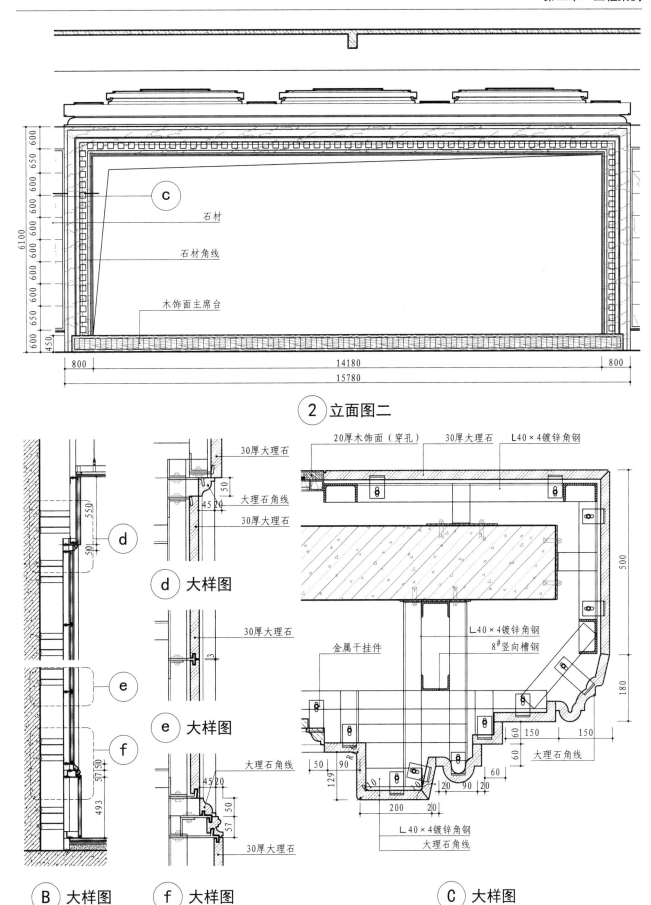

石材

石材角线

木饰面主席台

600
600
650
600
600
6100
600
600
650
600
450

800
14180
15780
800

②　立面图二

30厚大理石
50
大理石角线
45 20
30厚大理石

550
50

d　大样图

30厚大理石

3

e　大样图

大理石角线
45 20
50
57

57 50
493

30厚大理石

B　大样图　　　f　大样图

20厚木饰面（穿孔）　　30厚大理石　　L40×4镀锌角钢

500

金属干挂件

L40×4镀锌角钢
8#竖向槽钢

180
60　150　150
60
大理石角线

129
50　90
60
200　20
90　20
20

L40×4镀锌角钢
大理石角线

C　大样图

某电梯厅实例照片

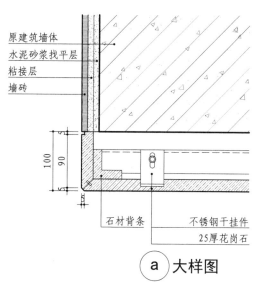

墙砖

花岗石　　不锈钢干挂件

8#槽钢竖龙骨

L40×4镀锌角钢

800

Ⓐ 大样图

原建筑墙体

水泥砂浆找平层

粘接层

墙砖

石材背条　　不锈钢干挂件

25厚花岗石

100　90

ⓐ 大样图

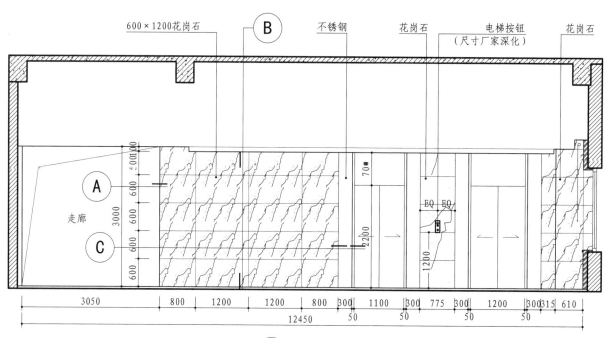

600×1200花岗石　　Ⓑ　　不锈钢　　花岗石　　电梯按钮
（尺寸厂家深化）　　花岗石

走廊

3000

600 600 600 600

A

C

3050　800　1200　1200　800　300　1100　300　775　300　1200　300 315　610

50　　50　　50　　50

12450

①　立面图

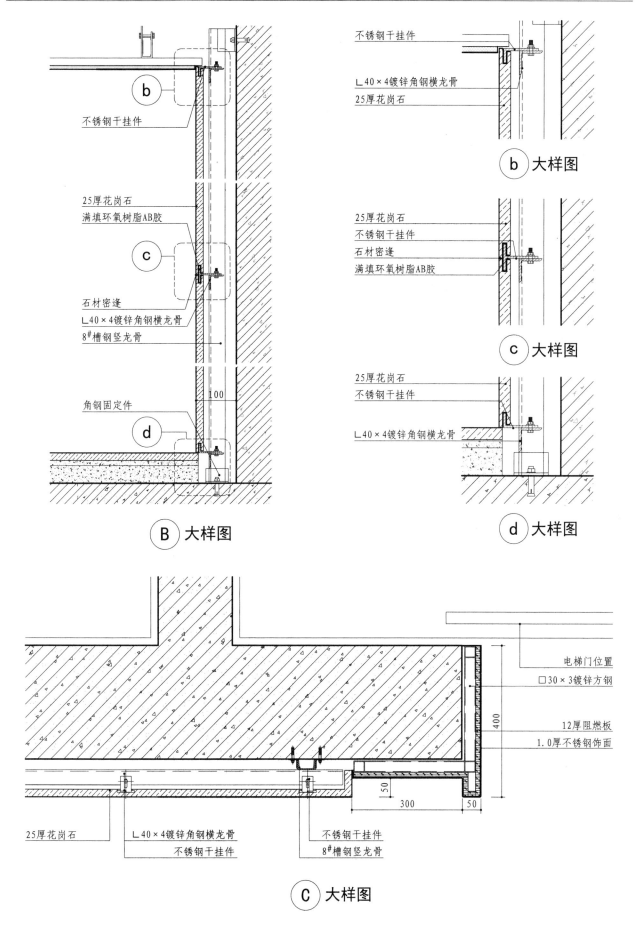

不锈钢干挂件

25厚花岗石
满填环氧树脂AB胶

石材密缝
L40×4镀锌角钢横龙骨
8#槽钢竖龙骨

角钢固定件

100

B 大样图

不锈钢干挂件

L40×4镀锌角钢横龙骨
25厚花岗石

b 大样图

25厚花岗石
不锈钢干挂件
石材密缝
满填环氧树脂AB胶

c 大样图

25厚花岗石
不锈钢干挂件

L40×4镀锌角钢横龙骨

d 大样图

电梯门位置
□30×3镀锌方钢

400

12厚阻燃板
1.0厚不锈钢饰面

50

50

300

50

25厚花岗石
L40×4镀锌角钢横龙骨
不锈钢干挂件

不锈钢干挂件
8#槽钢竖龙骨

C 大样图

某大堂改扩建项目效果图

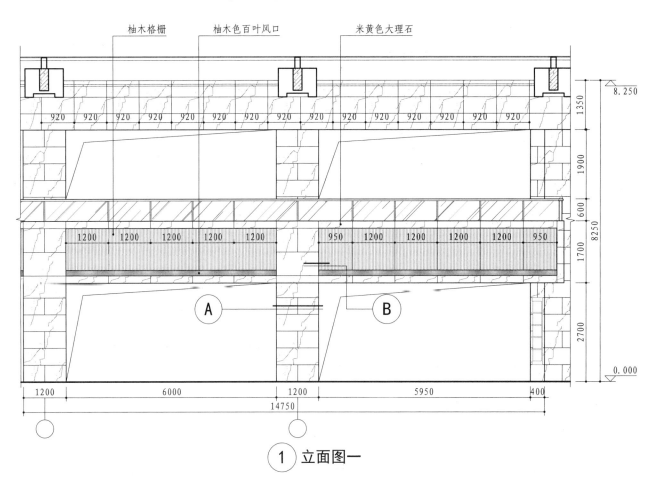

① 立面图一

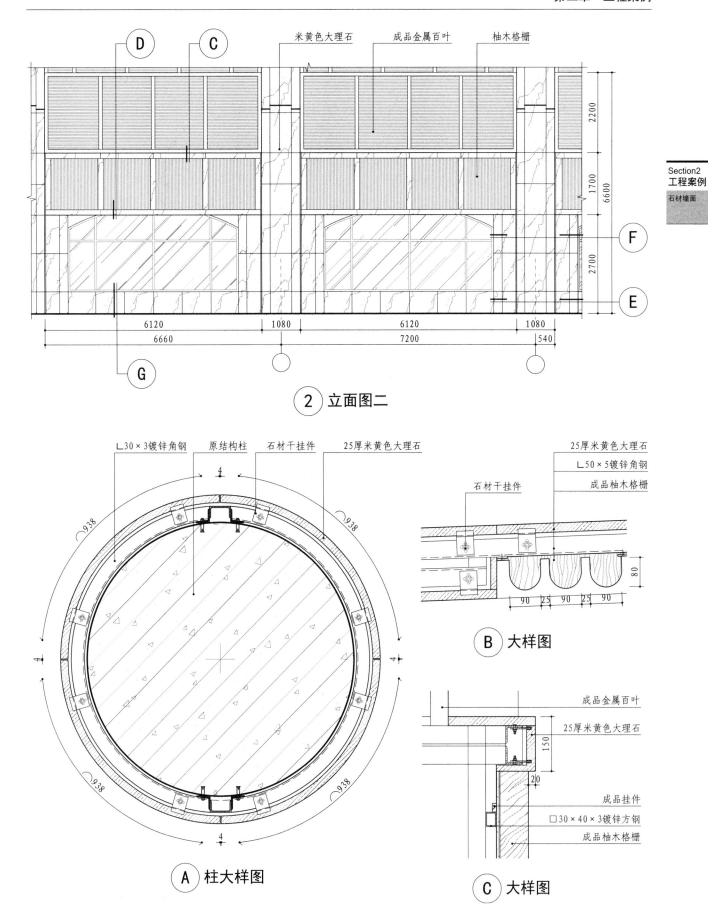

米黄色大理石　　成品金属百叶　　柚木格栅

D　　C

2200

1700

6600

2700

F

E

6120　　1080　　6120　　1080

6660　　　　7200　　　540

G

② 立面图二

L30×3镀锌角钢　原结构柱　石材干挂件　25厚米黄色大理石

25厚米黄色大理石

L50×5镀锌角钢

成品柚木格栅

石材干挂件

80

90　25　90　25　90

B 大样图

成品金属百叶

25厚米黄色大理石

150

20

成品挂件

□30×40×3镀锌方钢

成品柚木格栅

A 柱大样图

C 大样图

119

Section2
工程案例

石材墙面

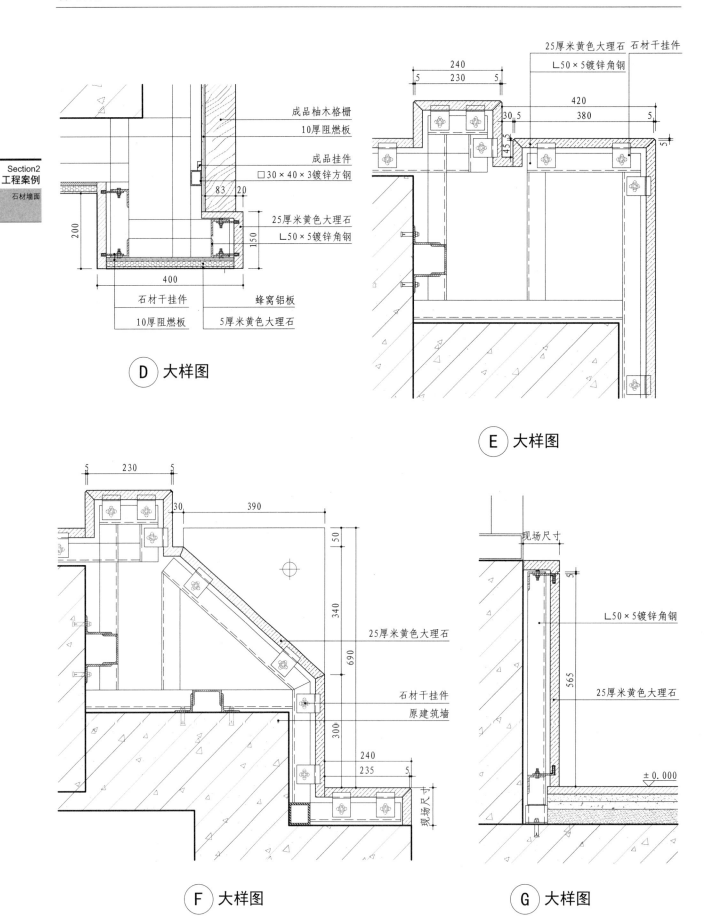

成品柚木格栅
10厚阻燃板

成品挂件
□30×40×3镀锌方钢

25厚米黄色大理石
L50×5镀锌角钢

石材干挂件　蜂窝铝板
10厚阻燃板　5厚米黄色大理石

D 大样图

25厚米黄色大理石　石材干挂件
L50×5镀锌角钢

E 大样图

25厚米黄色大理石

石材干挂件
原建筑墙

F 大样图

现场尺寸

L50×5镀锌角钢

25厚米黄色大理石

±0.000

G 大样图

某贵宾楼游泳池效果图

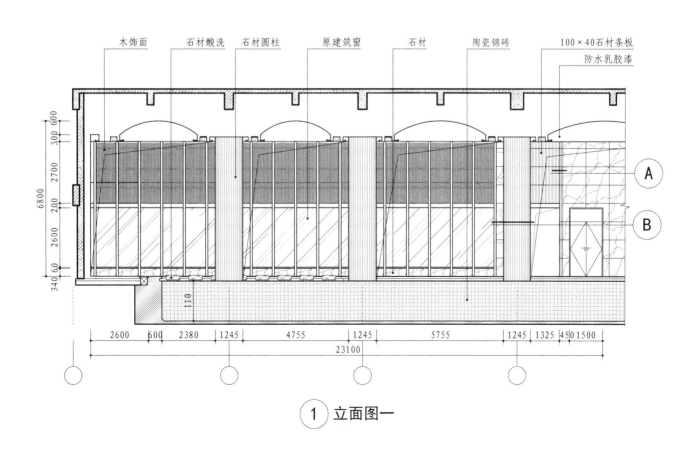

① 立面图一

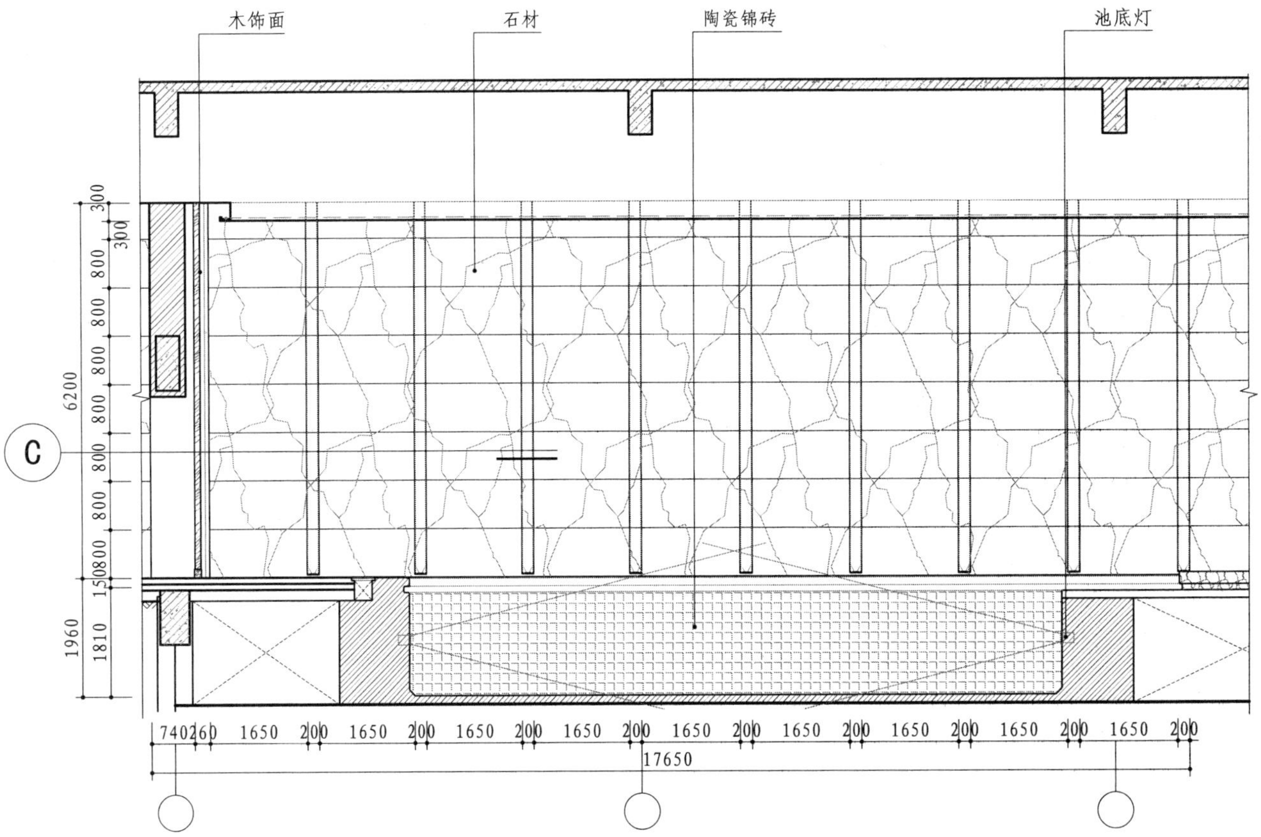
木饰面
石材
陶瓷锦砖
池底灯
C
6200
1960
1810
17650

2 立面图二

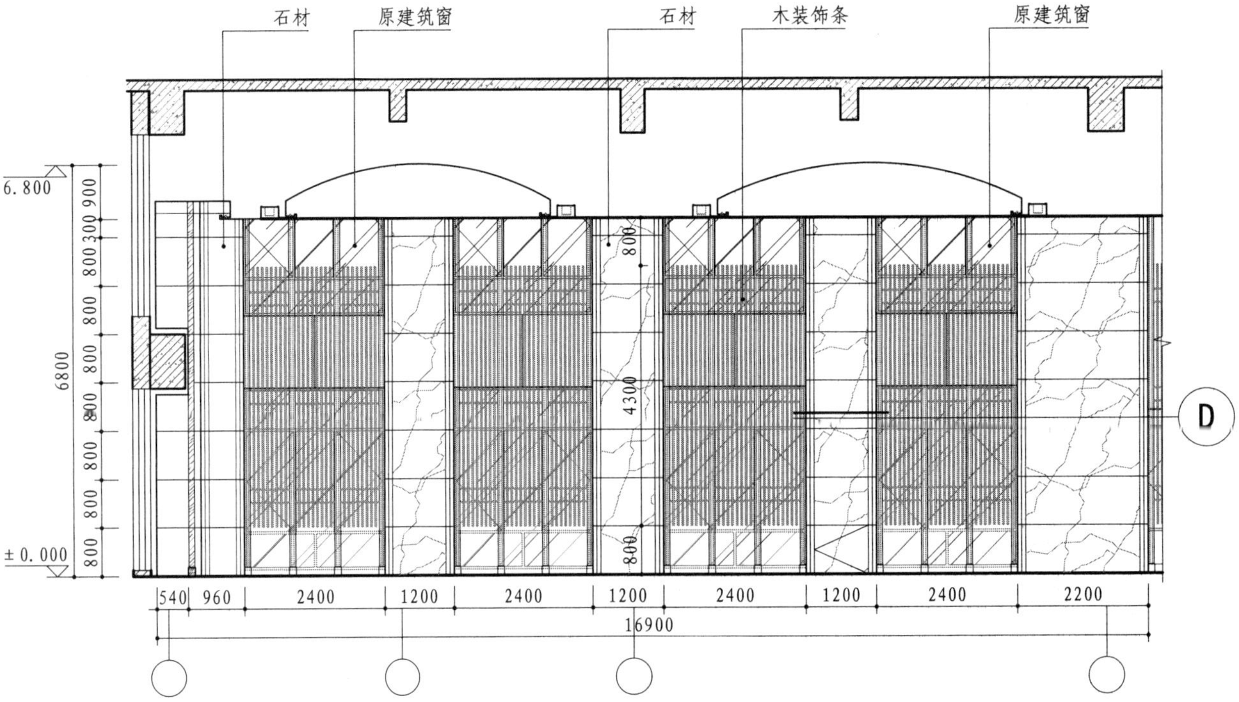
石材
原建筑窗
石材
木装饰条
原建筑窗
6.800
±0.000
6800
4300
D
540
960
2400
1200
2200
16900

3 立面图三

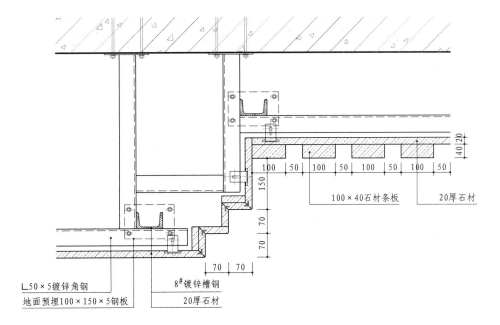

40 20
100 | 50 | 100 | 50 | 100 | 50 | 100 | 50
150
70
70
100×40石材条板　　　20厚石材
70 | 70
L50×5镀锌角钢
地面预埋100×150×5钢板
8#镀锌槽钢
20厚石材

A 大样图

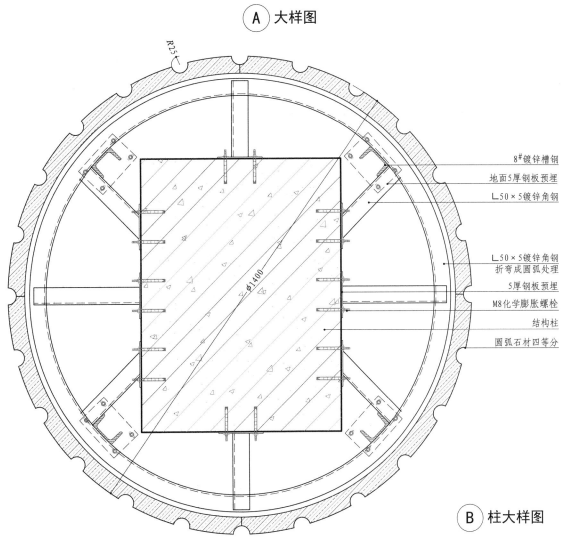

R25
φ1400

8#镀锌槽钢
地面5厚钢板预埋
L50×5镀锌角钢

L50×5镀锌角钢
折弯成圆弧处理
5厚钢板预埋
M8化学膨胀螺栓
结构柱
圆弧石材四等分

B 柱大样图

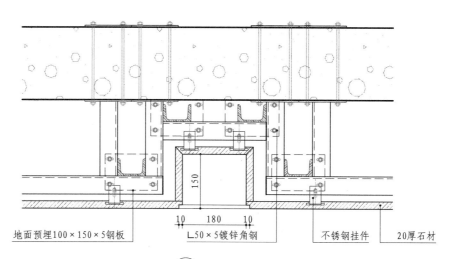

地面预埋100×150×5钢板　　L50×5镀锌角钢　　不锈钢挂件　　20厚石材

（C）大样图

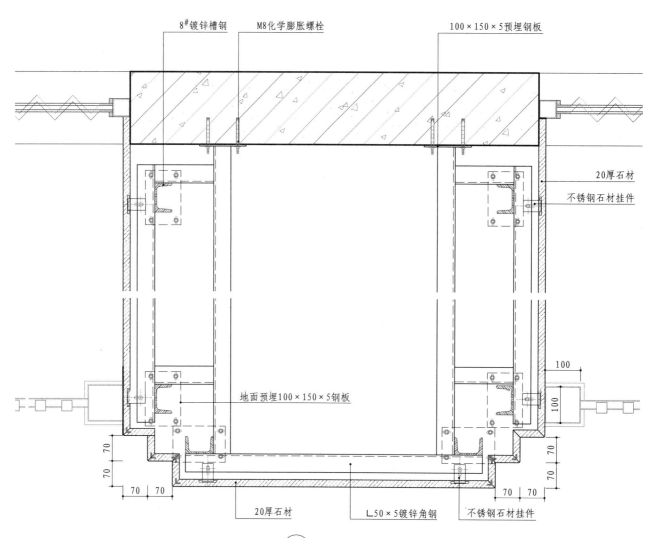

8#镀锌槽钢　　M8化学膨胀螺栓　　100×150×5预埋钢板

20厚石材

不锈钢石材挂件

地面预埋100×150×5钢板

20厚石材　　L50×5镀锌角钢　　不锈钢石材挂件

（D）大样图

某度假村宴会楼大堂效果图

Section2
工程案例

石材墙面

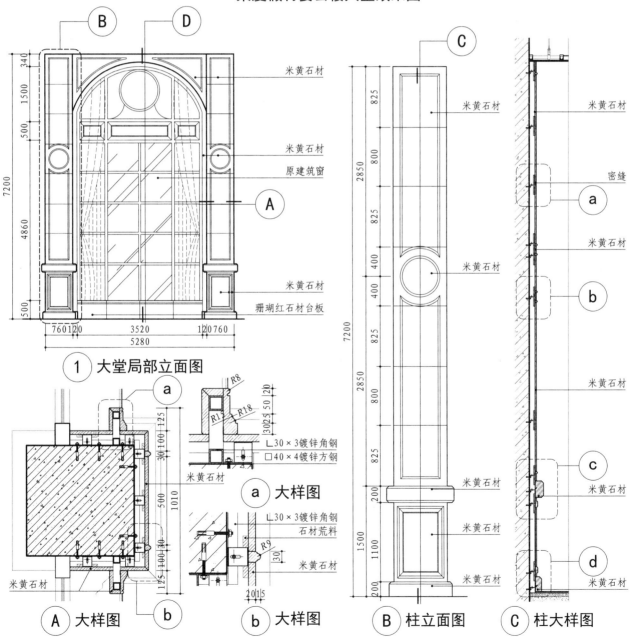

米黄石材

米黄石材

原建筑窗

A

米黄石材

珊瑚红石材台板

① 大堂局部立面图

a 大样图

A 大样图　　b

b 大样图

B 柱立面图

C 柱大样图

米黄石材

密缝

米黄石材

a

米黄石材

b

米黄石材

c

米黄石材

d

米黄石材

L30×3镀锌角钢
□40×4镀锌方钢
米黄石材

L30×3镀锌角钢
石材荒料
米黄石材

米黄石材

米黄石材

米黄石材

米黄石材

125

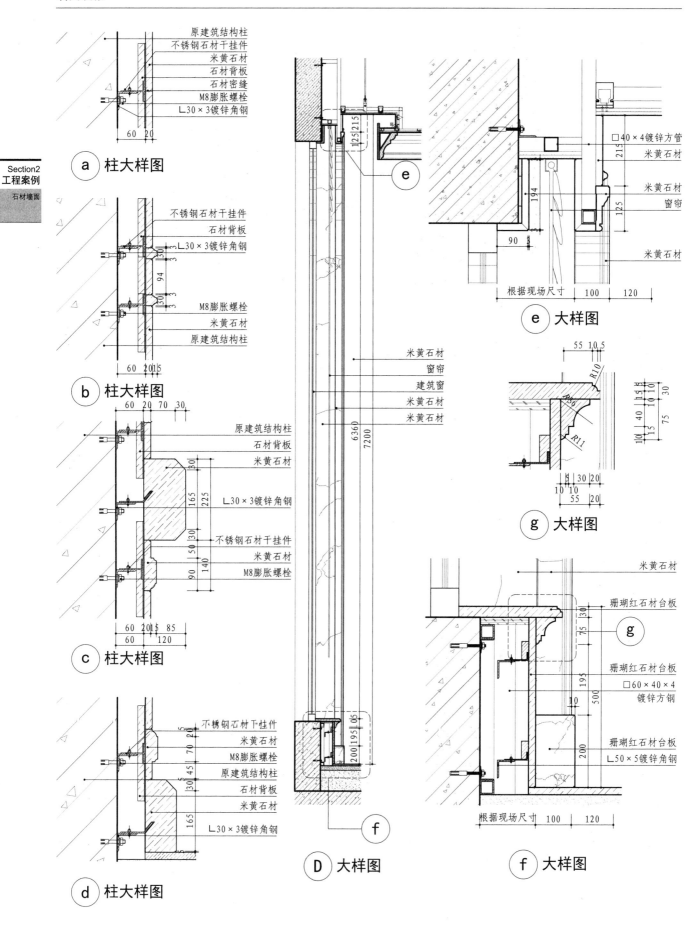

原建筑结构柱
不锈钢石材干挂件
米黄石材
石材背板
石材密缝
M8膨胀螺栓
L30×3镀锌角钢

ⓐ 柱大样图

不锈钢石材干挂件
石材背板
L30×3镀锌角钢
M8膨胀螺栓
米黄石材
原建筑结构柱

ⓑ 柱大样图

原建筑结构柱
石材背板
米黄石材
L30×3镀锌角钢
不锈钢石材干挂件
米黄石材
M8膨胀螺栓

ⓒ 柱大样图

不锈钢石材干挂件
米黄石材
M8膨胀螺栓
原建筑结构柱
石材背板
米黄石材
L30×3镀锌角钢

ⓓ 柱大样图

米黄石材
窗帘
建筑窗
米黄石材
米黄石材

Ⓓ 大样图

ⓔ 大样图

□40×4镀锌方管
米黄石材
米黄石材
窗帘
米黄石材

根据现场尺寸

ⓔ 大样图

R10
R36
R11

ⓖ 大样图

米黄石材
珊瑚红石材台板
珊瑚红石材台板
□60×40×4镀锌方钢
珊瑚红石材台板
L50×5镀锌角钢

根据现场尺寸

ⓕ 大样图

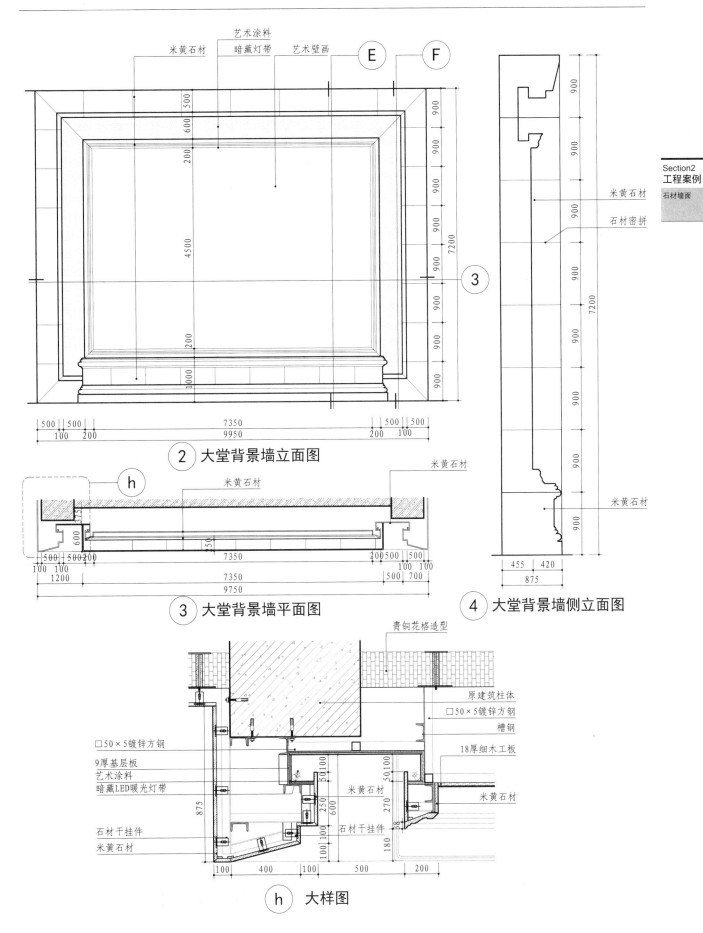

米黄石材　　艺术涂料　　暗藏灯带　　艺术壁画　　E　　F

米黄石材
石材密拼
米黄石材

② 大堂背景墙立面图

米黄石材
h
米黄石材

③ 大堂背景墙平面图

④ 大堂背景墙侧立面图

青铜花格造型
原建筑柱体
□50×5镀锌方钢
槽钢
18厚细木工板
米黄石材
米黄石材

□50×5镀锌方钢
9厚基层板
艺术涂料
暗藏LED暖光灯带
石材干挂件
米黄石材
石材干挂件

h　大样图

L50×5镀锌角钢
石材干挂件
米黄石材

米黄石材

槽钢
9厚基层板
艺术涂料
9厚基层板
暗藏灯带
木方

L50×5镀锌角钢
18厚密度板
米黄石材

米黄石材
9厚基层板
L50×5镀锌角钢

米黄石材

米黄石材

米黄石材

100 50 250 100 100

100 420

1300

400

100

500

200

5300

5300

150 85 50 125

200

220

380 1200

200

200

米黄石材

米黄石材
L50×5镀锌角钢
石材干挂件
米黄石材

槽钢
9厚基层板
艺术涂料

艺术涂料
9厚基层板
L50×5镀锌角钢
暗藏灯带

米黄石材

100 300 100 100

600

100 50 250 100 100

400

100

400

6000

7200

150

100

100

(E) 大堂背景墙立面图   (F) 大堂背景墙立面图

某度假村宴会楼效果图

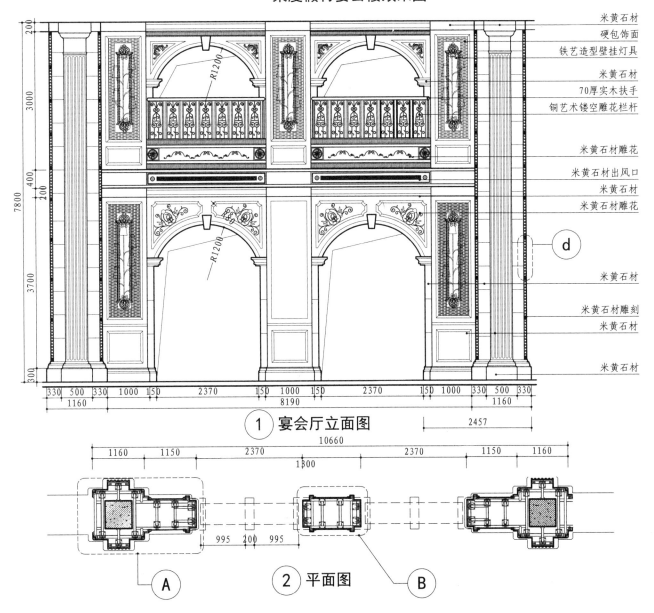

米黄石材
硬包饰面
铁艺造型壁挂灯具

米黄石材
70厚实木扶手
铜艺术镂空雕花栏杆

米黄石材雕花
米黄石材出风口
米黄石材
米黄石材雕花

d

米黄石材

米黄石材雕刻
米黄石材

米黄石材

R1200

200 3000 400 200 3700 300
7800

330 500 330 1000 150 2370 150 1000 150 2370 150 1000 330 500 330
1160　　　　8190　　　　1160

① 宴会厅立面图

2457

10660
1160 1150 2370 2370 1150 1160
1300

995 200 995

Ⓐ　② 平面图　Ⓑ

129

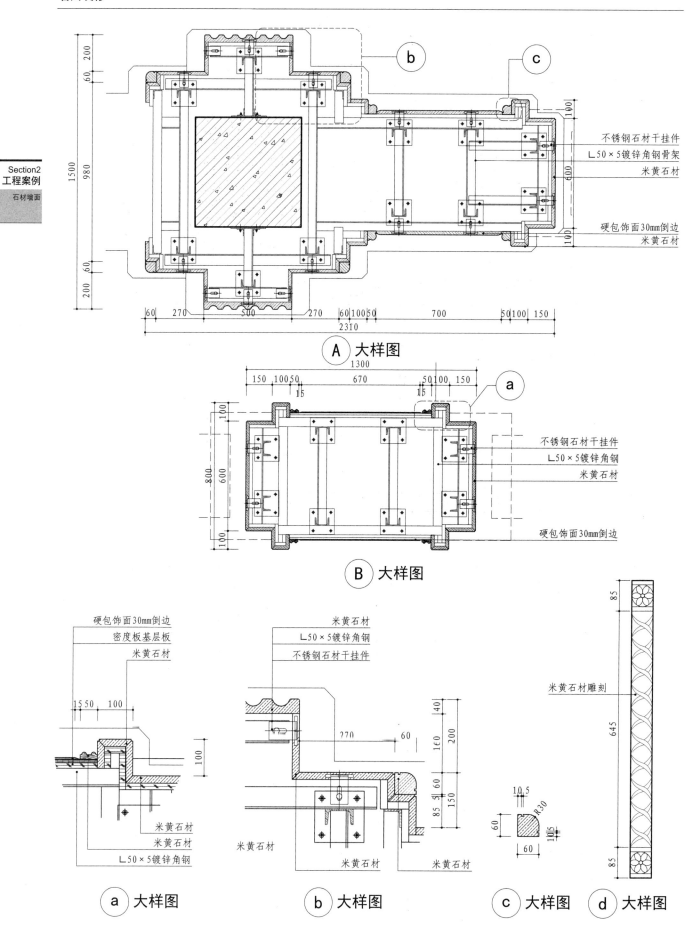

不锈钢石材干挂件
L50×5镀锌角钢骨架
米黄石材

硬包饰面30mm倒边
米黄石材

A 大样图

不锈钢石材干挂件
L50×5镀锌角钢
米黄石材

硬包饰面30mm倒边

B 大样图

硬包饰面30mm倒边
密度板基层板
米黄石材

米黄石材
米黄石材
L50×5镀锌角钢

a 大样图

米黄石材
L50×5镀锌角钢
不锈钢石材干挂件

米黄石材
米黄石材   米黄石材

b 大样图

米黄石材雕刻

c 大样图   d 大样图

某国际颐养中心大堂效果图

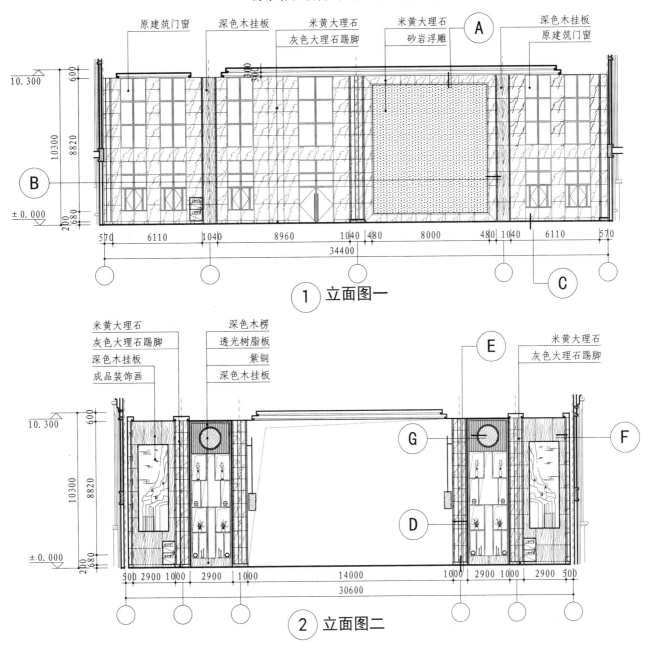

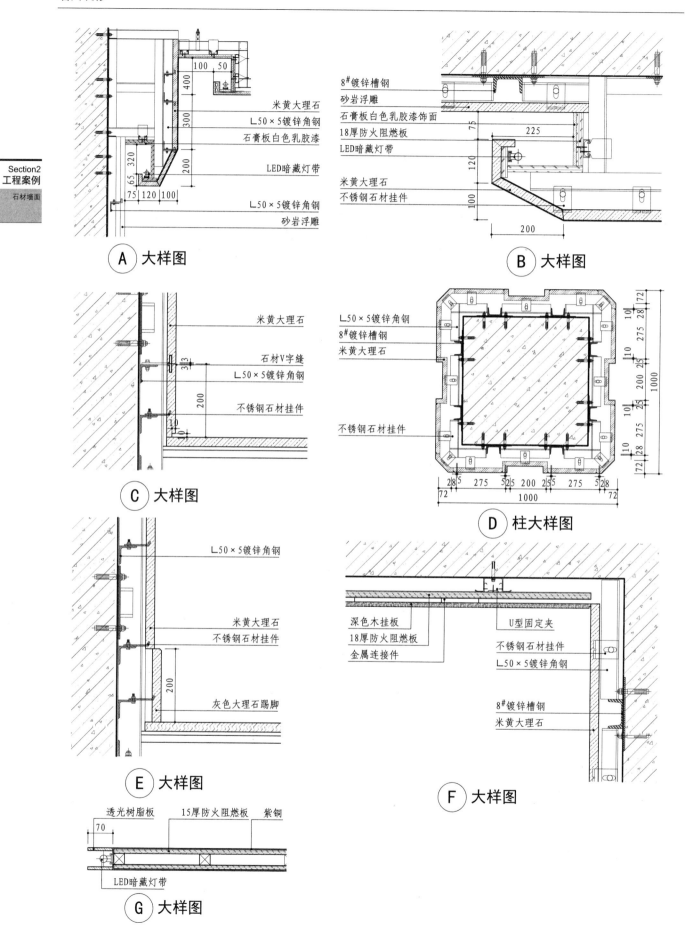

米黄大理石
L50×5镀锌角钢
石膏板白色乳胶漆
LED暗藏灯带
L50×5镀锌角钢
砂岩浮雕

A 大样图

8#镀锌槽钢
砂岩浮雕
石膏板白色乳胶漆饰面
18厚防火阻燃板
LED暗藏灯带
米黄大理石
不锈钢石材挂件

B 大样图

米黄大理石
石材V字缝
L50×5镀锌角钢
不锈钢石材挂件

C 大样图

L50×5镀锌角钢
8#镀锌槽钢
米黄大理石
不锈钢石材挂件

D 柱大样图

L50×5镀锌角钢
米黄大理石
不锈钢石材挂件
灰色大理石踢脚

E 大样图

深色木挂板
18厚防火阻燃板
金属连接件
U型固定夹
不锈钢石材挂件
L50×5镀锌角钢
8#镀锌槽钢
米黄大理石

F 大样图

透光树脂板
15厚防火阻燃板
紫铜
LED暗藏灯带

G 大样图

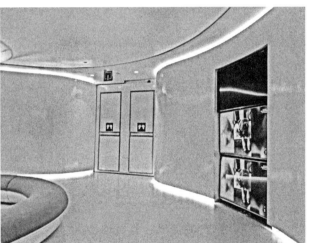

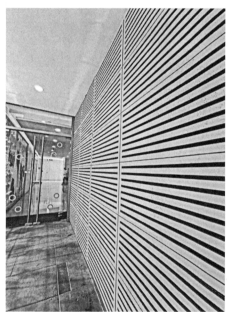

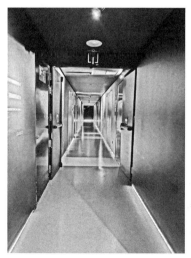
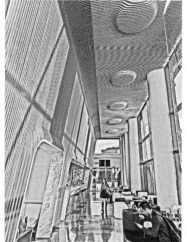

墙面装修

某集团总部办公大堂效果图 一

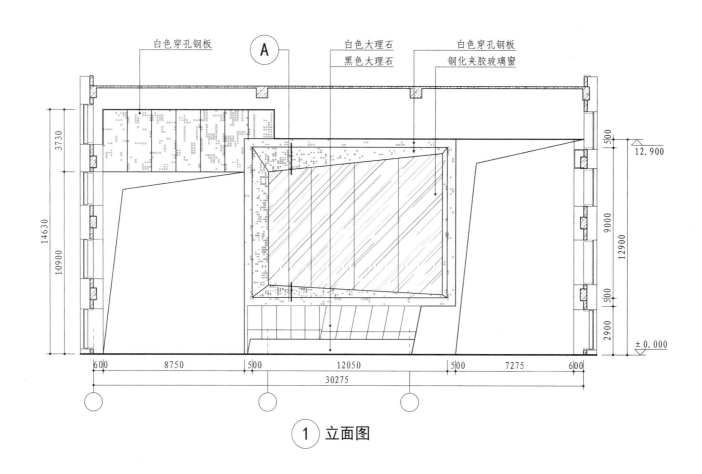

白色穿孔钢板　　　Ⓐ　　白色大理石　　白色穿孔钢板
　　　　　　　　　　　　黑色大理石　　钢化夹胶玻璃窗

① 立面图

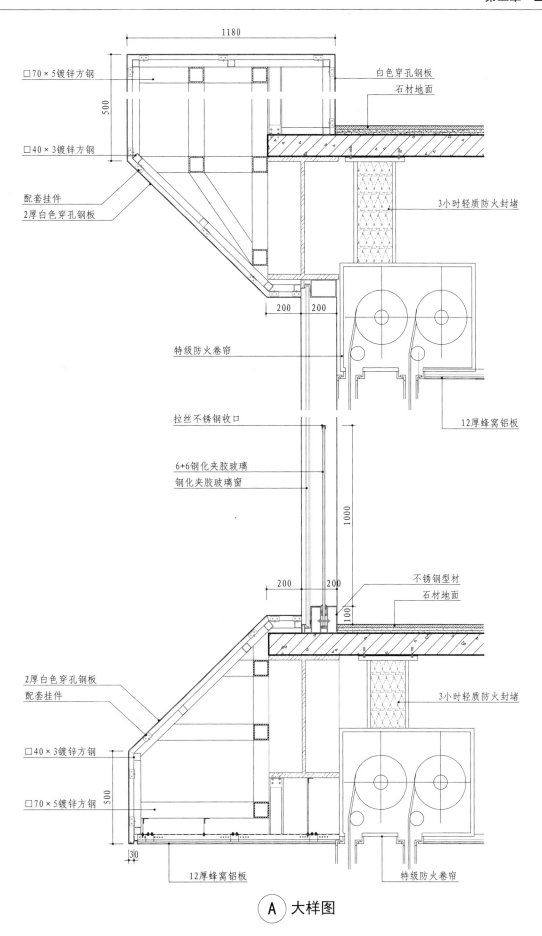

1180

□70×5镀锌方钢

500

白色穿孔钢板

石材地面

□40×3镀锌方钢

配套挂件
2厚白色穿孔钢板

3小时轻质防火封堵

200　200

特级防火卷帘

12厚蜂窝铝板

拉丝不锈钢收口

6+6钢化夹胶玻璃
钢化夹胶玻璃窗

1000

200　200

不锈钢型材
石材地面

100

2厚白色穿孔钢板
配套挂件

3小时轻质防火封堵

□40×3镀锌方钢

□70×5镀锌方钢

500

30

12厚蜂窝铝板

特级防火卷帘

Ⓐ 大样图

137

某集团总部办公大堂效果图二

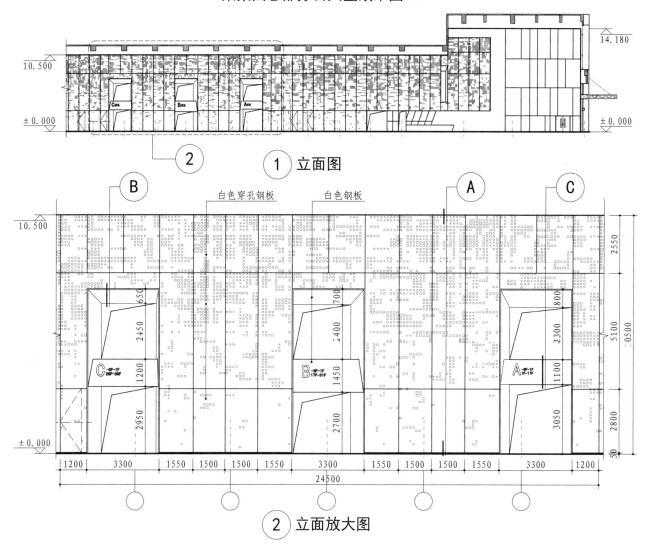

① 立面图

② 立面放大图

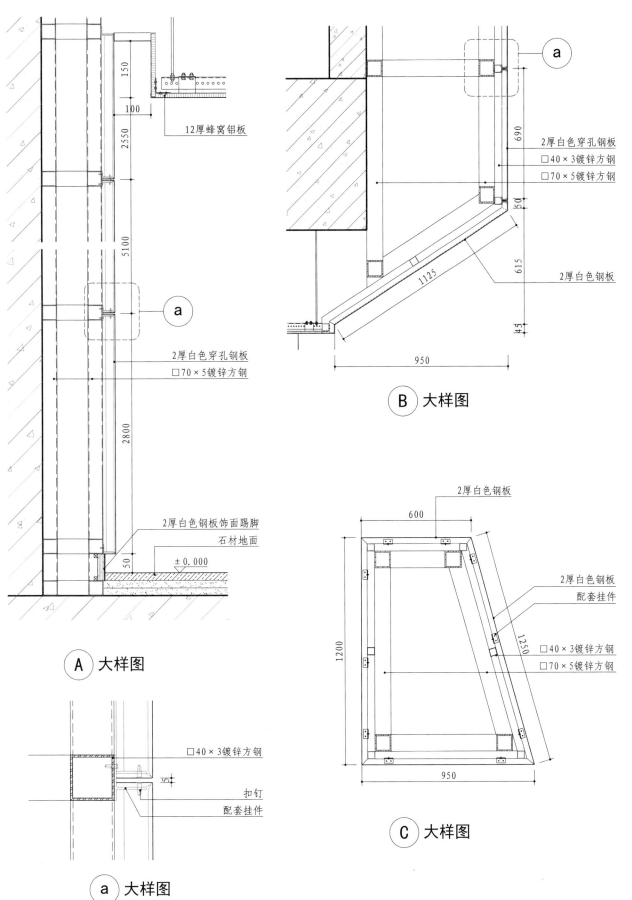

Section2
工程案例

金属装饰板
墙面

12厚蜂窝铝板

2厚白色穿孔钢板
□70×5镀锌方钢

2厚白色钢板饰面踢脚
石材地面
±0.000

A 大样图

2厚白色穿孔钢板
□40×3镀锌方钢
□70×5镀锌方钢

2厚白色钢板

B 大样图

2厚白色钢板
2厚白色钢板
配套挂件
□40×3镀锌方钢
□70×5镀锌方钢

C 大样图

□40×3镀锌方钢
扣钉
配套挂件

a 大样图

某贵宾厅照片

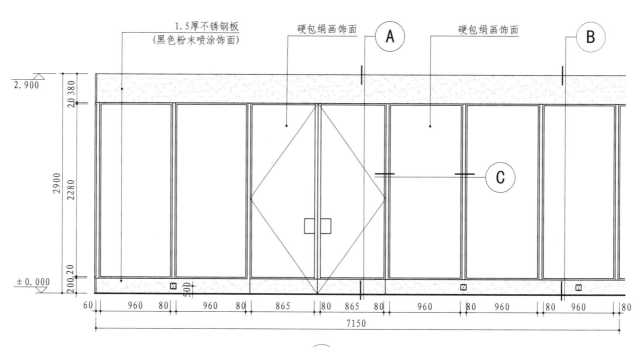

① 立面图

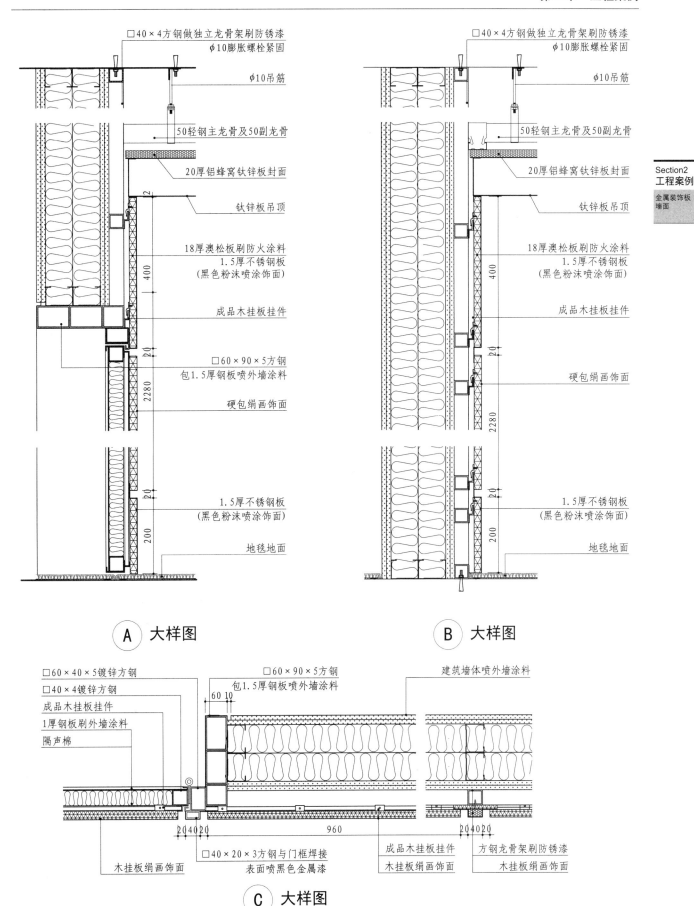

□40×4方钢做独立龙骨架刷防锈漆
φ10膨胀螺栓紧固
φ10吊筋
50轻钢主龙骨及50副龙骨
20厚铝蜂窝钛锌板封面
钛锌板吊顶
18厚澳松板刷防火涂料
1.5厚不锈钢板
（黑色粉沫喷涂饰面）
成品木挂板挂件
□60×90×5方钢
包1.5厚钢板喷外墙涂料
硬包绢画饰面
1.5厚不锈钢板
（黑色粉沫喷涂饰面）
地毯地面

Ⓐ 大样图

□40×4方钢做独立龙骨架刷防锈漆
φ10膨胀螺栓紧固
φ10吊筋
50轻钢主龙骨及50副龙骨
20厚铝蜂窝钛锌板封面
钛锌板吊顶
18厚澳松板刷防火涂料
1.5厚不锈钢板
（黑色粉沫喷涂饰面）
成品木挂板挂件
硬包绢画饰面
1.5厚不锈钢板
（黑色粉沫喷涂饰面）
地毯地面

Ⓑ 大样图

□60×40×5镀锌方钢
□40×4镀锌方钢
成品木挂板挂件
1厚钢板刷外墙涂料
隔声棉

□60×90×5方钢
包1.5厚钢板喷外墙涂料

建筑墙体喷外墙涂料

□40×20×3方钢与门框焊接
表面喷黑色金属漆

成品木挂板挂件
木挂板绢画饰面

方钢龙骨架刷防锈漆

木挂板绢画饰面

木挂板绢画饰面

Ⓒ 大样图

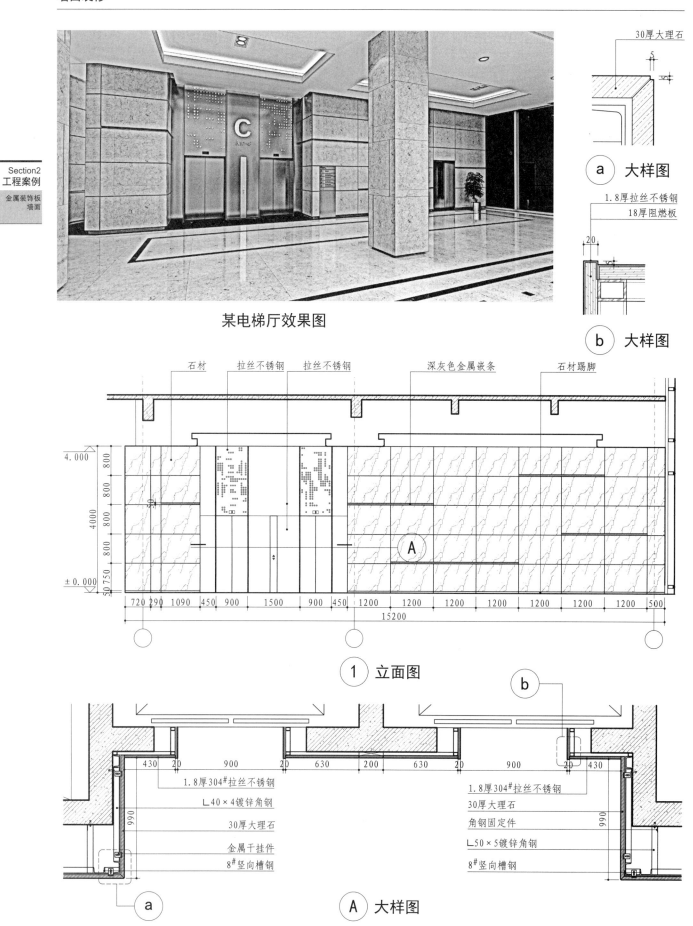

某电梯厅效果图

30厚大理石

a 大样图

1.8厚拉丝不锈钢
18厚阻燃板

b 大样图

石材　　拉丝不锈钢　　拉丝不锈钢　　　　深灰色金属嵌条　　　石材踢脚

1 立面图

1.8厚304#拉丝不锈钢
L40×4镀锌角钢
30厚大理石
金属干挂件
8#竖向槽钢

1.8厚304#拉丝不锈钢
30厚大理石
角钢固定件
L50×5镀锌角钢
8#竖向槽钢

a

A 大样图

某集团电梯厅效果图

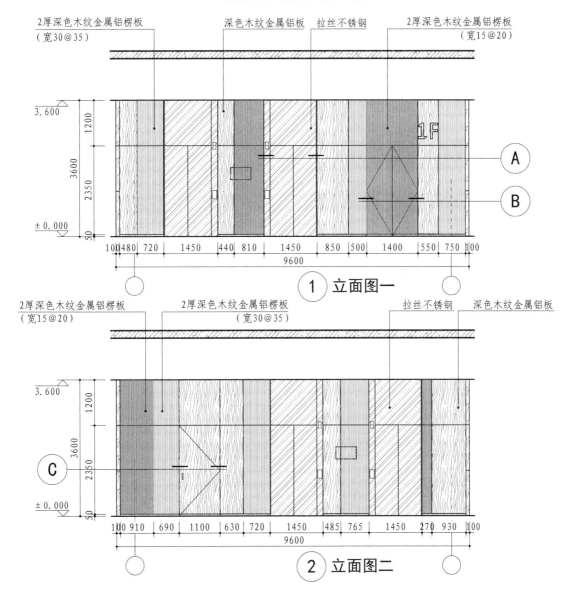

2厚深色木纹金属铝楞板
（宽30@35）

深色木纹金属铝板　拉丝不锈钢

2厚深色木纹金属铝楞板
（宽15@20）

3.600

1200

3600

2350

±0.000

50

100 480 720 | 1450 | 440 810 | 1450 | 850 500 | 1400 | 550 750 100

9600

A

B

1 立面图一

2厚深色木纹金属铝楞板
（宽15@20）

2厚深色木纹金属铝楞板
（宽30@35）

拉丝不锈钢　深色木纹金属铝板

3.600

1200

3600

2350

±0.000

50

C

100 910 | 690 | 1100 | 630 720 | 1450 | 485 765 | 1450 | 270 930 100

9600

2 立面图二

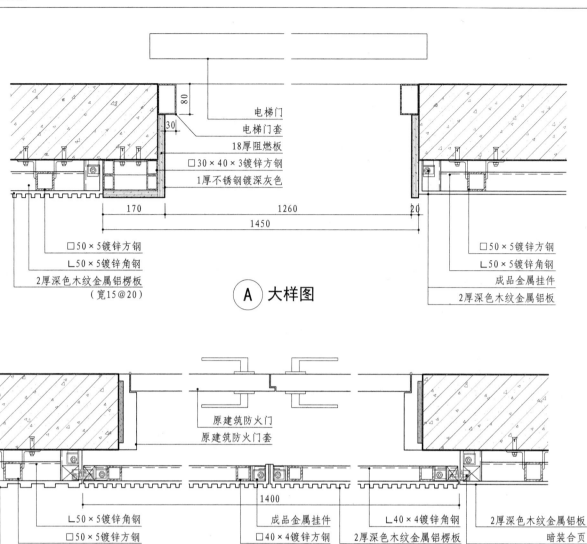

电梯门
电梯门套
18厚阻燃板
□30×40×3镀锌方钢
1厚不锈钢镀深灰色

80
30

170   1260   20
1450

□50×5镀锌方钢
L50×5镀锌角钢
2厚深色木纹金属铝楞板
（宽15@20）

□50×5镀锌方钢
L50×5镀锌角钢
成品金属挂件
2厚深色木纹金属铝板

Ⓐ 大样图

原建筑防火门
原建筑防火门套

1400

L50×5镀锌角钢
□50×5镀锌方钢
2厚深色木纹金属铝楞板
（宽30@35）

成品金属挂件
□40×4镀锌方钢

L40×4镀锌角钢
2厚深色木纹金属铝楞板
（宽15@20）

2厚深色木纹金属铝板
暗装合页

Ⓑ 大样图

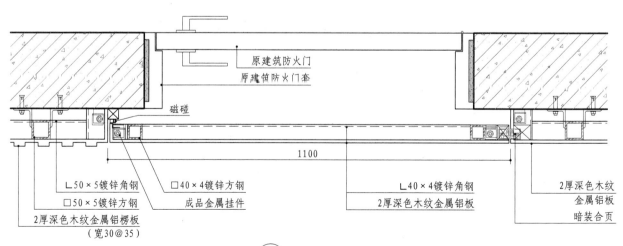

原建筑防火门
原建筑防火门套

磁碰

1100

L50×5镀锌角钢
□50×5镀锌方钢
2厚深色木纹金属铝楞板
（宽30@35）

□40×4镀锌方钢
成品金属挂件

L40×4镀锌角钢
2厚深色木纹金属铝板

2厚深色木纹
金属铝板
暗装合页

Ⓒ 大样图

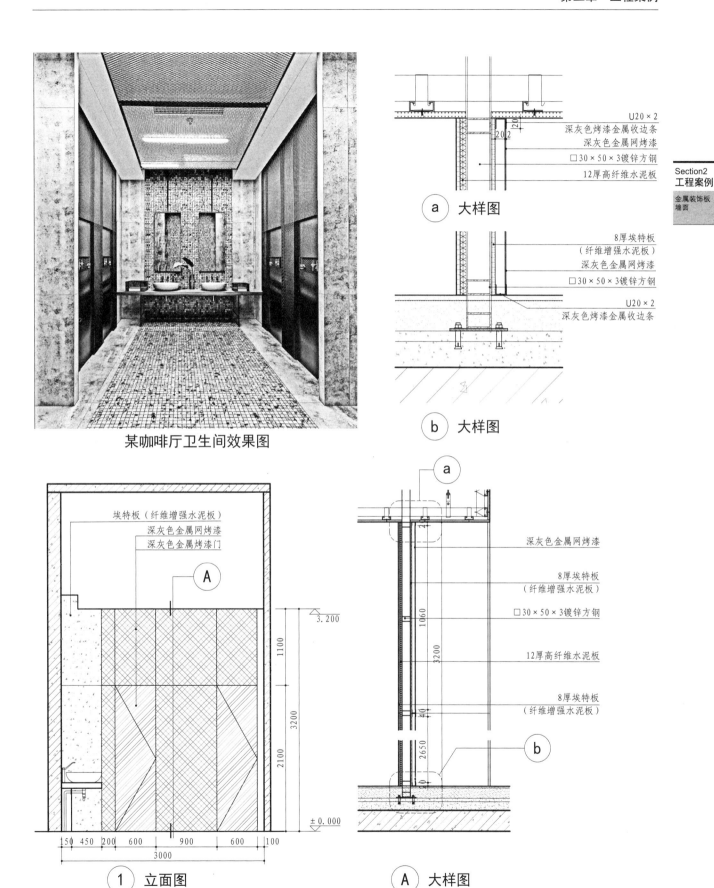

某咖啡厅卫生间效果图

U20×2
深灰色烤漆金属收边条
深灰色金属网烤漆
□30×50×3镀锌方钢
12厚高纤维水泥板

ⓐ 大样图

8厚埃特板
（纤维增强水泥板）
深灰色金属网烤漆
□30×50×3镀锌方钢
U20×2
深灰色烤漆金属收边条

ⓑ 大样图

埃特板（纤维增强水泥板）
深灰色金属网烤漆
深灰色金属烤漆门

A

3.200

1100
3200
2100

±0.000

150　450　200　600　　900　　600　100
3000

① 立面图

ⓐ

深灰色金属网烤漆

8厚埃特板
（纤维增强水泥板）

□30×50×3镀锌方钢

12厚高纤维水泥板

8厚埃特板
（纤维增强水泥板）

1060
3200
440
2650

ⓑ

Ⓐ 大样图

145

某餐厅效果图

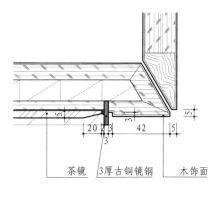

茶镜　　3厚古铜镜钢　　木饰面

a 大样图

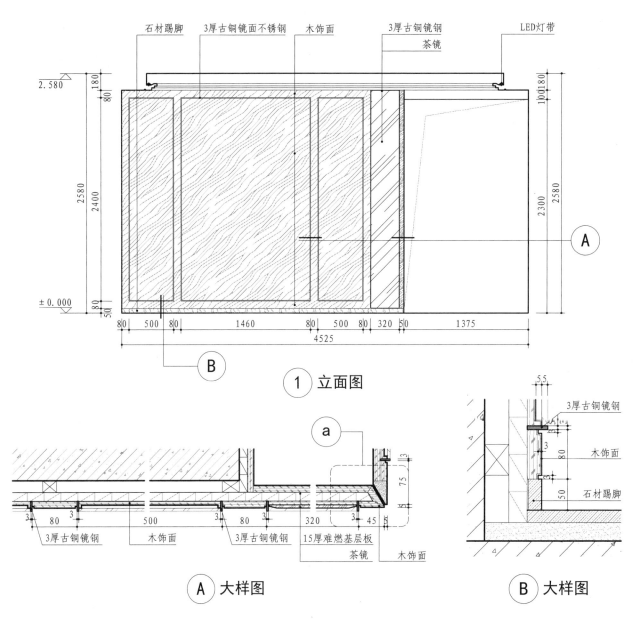

石材踢脚　　3厚古铜镜面不锈钢　　木饰面　　　3厚古铜镜钢　　　　LED灯带
茶镜

2.580

180

80

2580

2400

100 180

2580

2300

± 0.000

80
50

80　500　80　　1460　　80　500　80　320　50　　1375

4525

B

1 立面图

a

3厚古铜镜钢　　木饰面　　3厚古铜镜钢　　15厚难燃基层板　　木饰面
茶镜

3　80　3　　500　　3　80　3　320　3　45

75

A 大样图

5.5

3厚古铜镜钢

木饰面

80

石材踢脚

50

B 大样图

Section2
工程案例
玻璃墙面

某酒店走道效果图

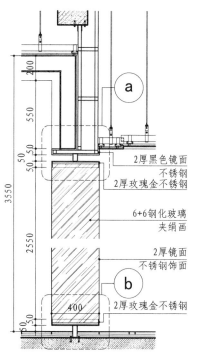

2厚黑色镜面不锈钢
2厚玫瑰金不锈钢
6+6钢化玻璃夹绢画
2厚镜面不锈钢饰面
2厚玫瑰金不锈钢

2厚黑色镜面不锈钢　　2厚玫瑰金不锈钢
9厚阻燃板　　　　　　5厚镀锌钢板
□20×2.5镀锌方钢　　15厚阻燃板

2厚玫瑰金不锈钢
□40×80×5mm镀锌方钢

a 大样图

2厚镜面不锈钢饰面　　□40×100×5镀锌方钢
　　　　　　　　　　15厚阻燃板
　　　　　　　　　　5厚镀锌钢板
　　　　　　　　　　2厚玫瑰金不锈钢

5厚镀锌钢板预埋件
膨胀螺栓

b 大样图

A 大样图

6厚钢化玻璃
绢画
6厚钢化玻璃

2厚镜面不锈钢饰面

B 平剖面图

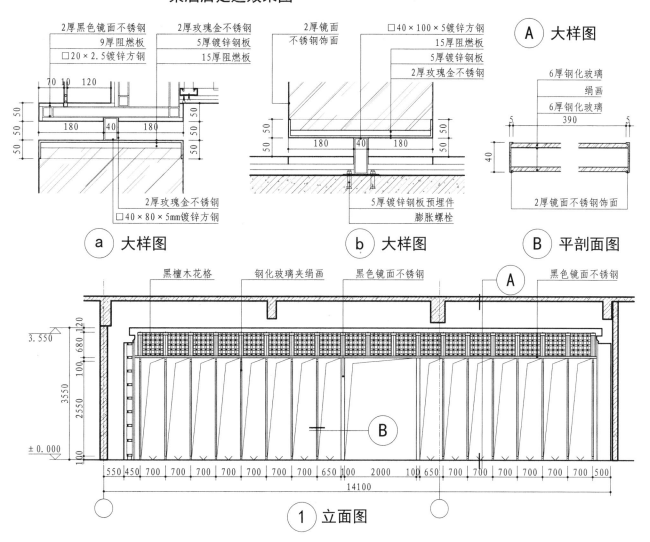

黑檀木花格　　钢化玻璃夹绢画　　黑色镜面不锈钢　　　　　　黑色镜面不锈钢

A

B

1 立面图

Section2
工程案例

玻璃墙面

某酒店电梯厅效果图

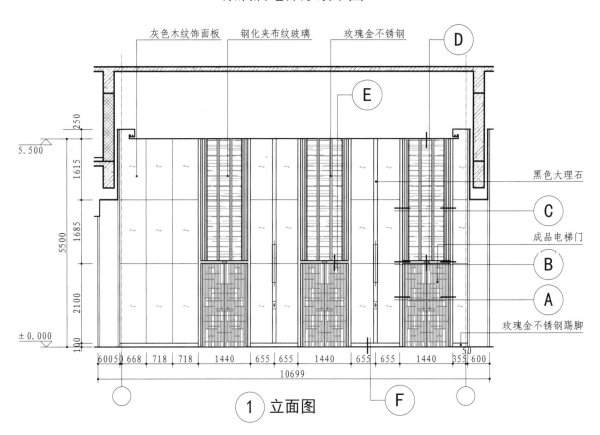

灰色木纹饰面板　　钢化夹布纹玻璃　　玫瑰金不锈钢

D

E

黑色大理石

C

成品电梯门

B

A

玫瑰金不锈钢踢脚

250
5.500
1615
5500
1685
2100
±0.000
100

600 50 668 718 718 1440 655 655 1440 655 655 1440 355 600
50
10699

1　立面图

F

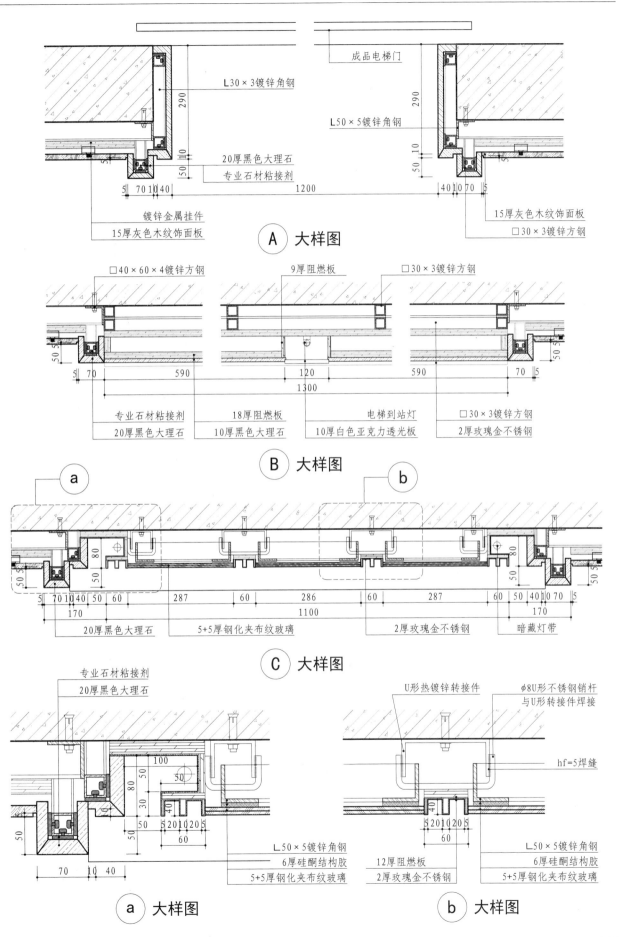

A 大样图

B 大样图

C 大样图

a 大样图　　　b 大样图

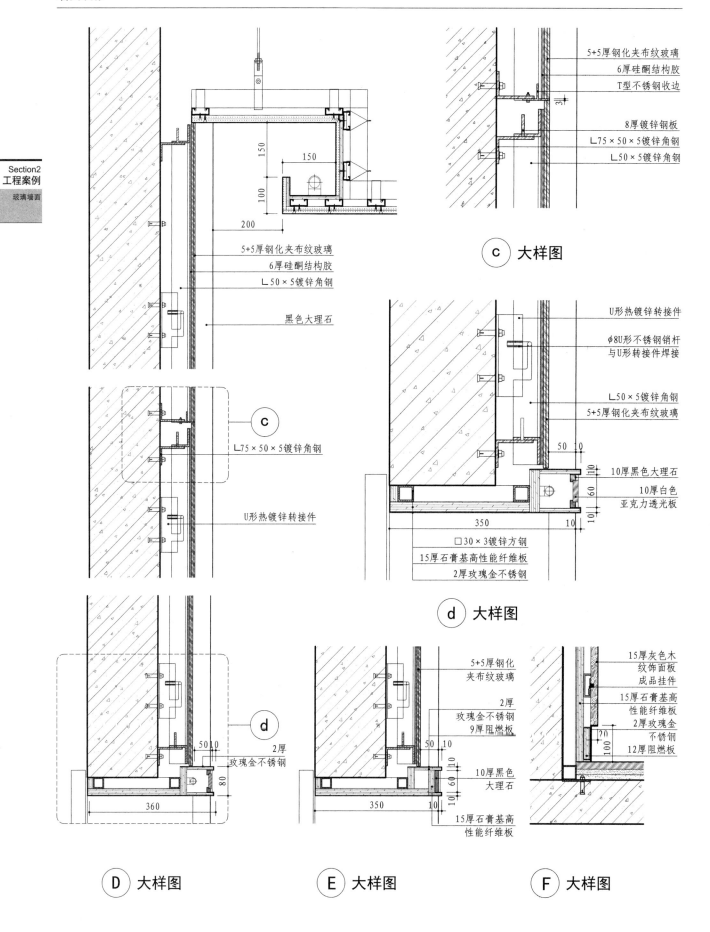

5+5厚钢化夹布纹玻璃
6厚硅酮结构胶
T型不锈钢收边
8厚镀锌钢板
L75×50×5镀锌角钢
L50×5镀锌角钢

c 大样图

5+5厚钢化夹布纹玻璃
6厚硅酮结构胶
L50×5镀锌角钢
黑色大理石

L75×50×5镀锌角钢
U形热镀锌转接件

U形热镀锌转接件
φ8U形不锈钢销杆
与U形转接件焊接
L50×5镀锌角钢
5+5厚钢化夹布纹玻璃
10厚黑色大理石
10厚白色亚克力透光板
□30×3镀锌方钢
15厚石膏基高性能纤维板
2厚玫瑰金不锈钢

d 大样图

2厚玫瑰金不锈钢

D 大样图

5+5厚钢化夹布纹玻璃
2厚玫瑰金不锈钢
9厚阻燃板
10厚黑色大理石
15厚石膏基高性能纤维板

E 大样图

15厚灰色木纹饰面板
成品挂件
15厚石膏基高性能纤维板
2厚玫瑰金不锈钢
12厚阻燃板

F 大样图

某商场客梯厅效果图

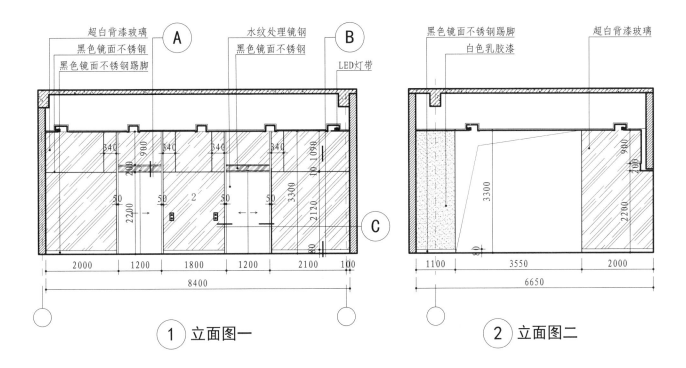

超白背漆玻璃　Ⓐ
黑色镜面不锈钢
黑色镜面不锈钢踢脚

水纹处理镜钢　Ⓑ
黑色镜面不锈钢

LED灯带

340　900　340　340　340　10 1090

200

50　50　2　50　50

3300

2200　2120

80

Ⓒ

2000　1200　1800　1200　2100　100

8400

① 立面图一

黑色镜面不锈钢踢脚
白色乳胶漆
超白背漆玻璃

900

200

3300

2200

80

1100　3550　2000

6650

② 立面图二

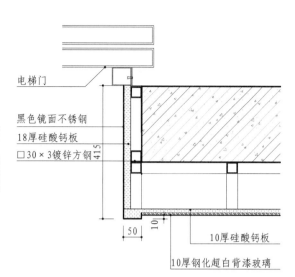

电梯门

黑色镜面不锈钢

18厚硅酸钙板

□30×3镀锌方钢

415

50   10

10厚硅酸钙板

10厚钢化超白背漆玻璃

Ⓒ 剖面详图

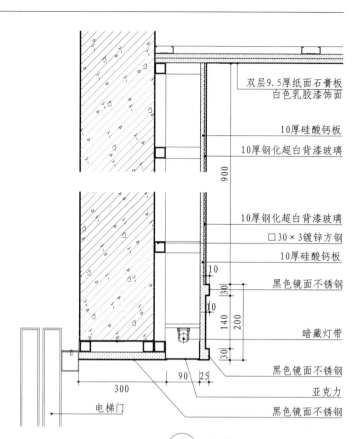

双层9.5厚纸面石膏板
白色乳胶漆饰面

10厚硅酸钙板

10厚钢化超白背漆玻璃

900

10厚钢化超白背漆玻璃

□30×3镀锌方钢

10厚硅酸钙板

10

黑色镜面不锈钢

30

10

140   200

暗藏灯带

30

黑色镜面不锈钢

亚克力

黑色镜面不锈钢

300   90   25

电梯门

Ⓐ 大样图

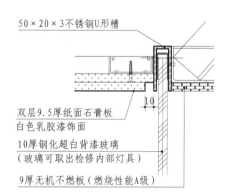

50×20×3不锈钢U形槽

10

双层9.5厚纸面石膏板
白色乳胶漆饰面

10厚钢化超白背漆玻璃
（玻璃可取出检修内部灯具）

9厚无机不燃板（燃烧性能A级）

ⓐ 大样图

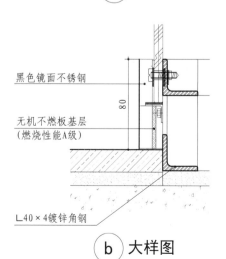

黑色镜面不锈钢

80

无机不燃板基层
（燃烧性能A级）

L40×4镀锌角钢

ⓑ 大样图

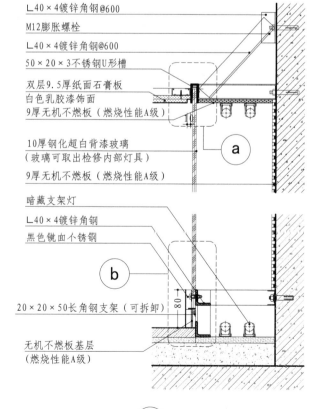

L40×4镀锌角钢@600

M12膨胀螺栓

L40×4镀锌角钢@600

50×20×3不锈钢U形槽

双层9.5厚纸面石膏板
白色乳胶漆饰面
9厚无机不燃板（燃烧性能A级）

10

10厚钢化超白背漆玻璃
（玻璃可取出检修内部灯具）

9厚无机不燃板（燃烧性能A级）

ⓐ

暗藏支架灯

L40×4镀锌角钢

黑色镜面不锈钢

ⓑ

20×20×50长角钢支架（可拆卸）

80

无机不燃板基层
（燃烧性能A级）

Ⓑ 大样图

天桥艺术中心剧院效果图

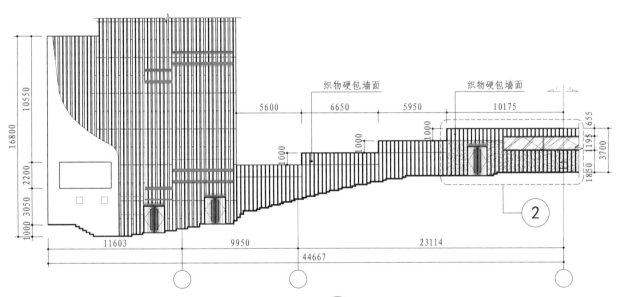

织物硬包墙面　　织物硬包墙面

5600　6650　5950　10175

655
1195
3700
1850
1000

1000

1000

16800
10550
2200
3050
1000

11603　9950　23114

44667

②

① 立面图

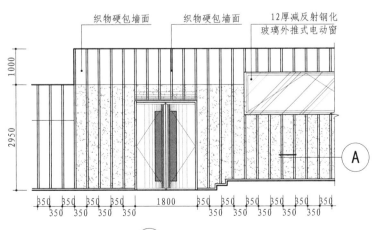

织物硬包墙面　　织物硬包墙面　　12厚减反射钢化
玻璃外推式电动窗

1000

2950

350 350 350 350 350 1800 350 350 350 350 350 350
350 350 350 350

Ⓐ

② 立面放大图

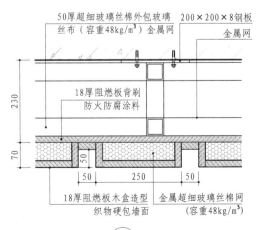

50厚超细玻璃丝棉外包玻璃　200×200×8钢板
丝布（容重48kg/m³）金属网　金属网

230

18厚阻燃板背刷
防火防腐涂料

70

50　50
50 250 50

18厚阻燃板木盒造型　金属超细玻璃丝棉网
织物硬包墙面　（容重48kg/m³）

Ⓐ 大样图

155

某剧场效果图一

某剧场效果图二

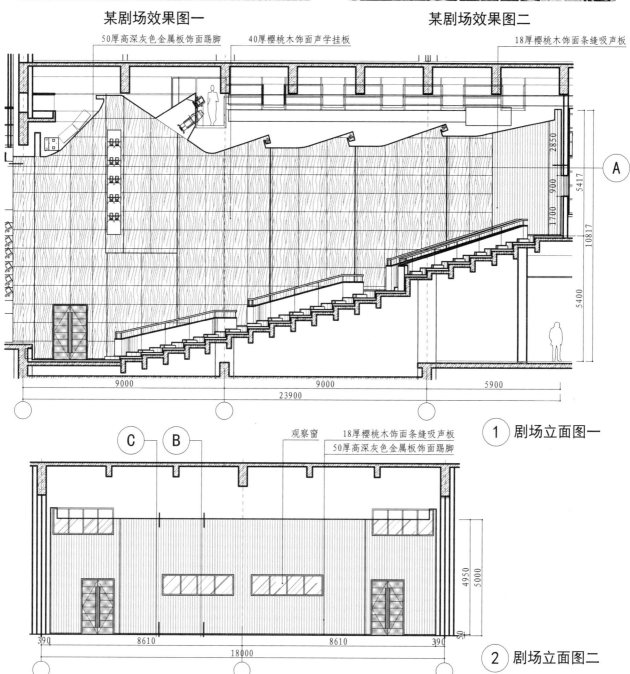

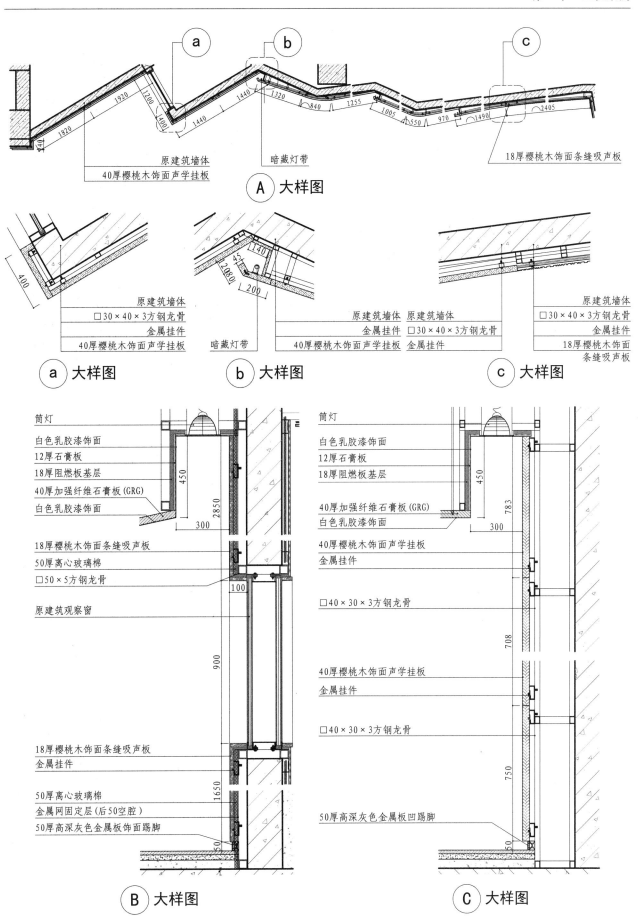

原建筑墙体
40厚樱桃木饰面声学挂板

暗藏灯带

18厚樱桃木饰面条缝吸声板

Ⓐ 大样图

原建筑墙体
□30×40×3方钢龙骨
金属挂件
40厚樱桃木饰面声学挂板

ⓐ 大样图

暗藏灯带

原建筑墙体
金属挂件
40厚樱桃木饰面声学挂板

原建筑墙体
□30×40×3方钢龙骨
金属挂件

ⓑ 大样图

原建筑墙体
□30×40×3方钢龙骨
金属挂件
18厚樱桃木饰面
条缝吸声板

ⓒ 大样图

筒灯
白色乳胶漆饰面
12厚石膏板
18厚阻燃板基层
40厚加强纤维石膏板(GRG)
白色乳胶漆饰面

18厚樱桃木饰面条缝吸声板
50厚离心玻璃棉
□50×5方钢龙骨

原建筑观察窗

18厚樱桃木饰面条缝吸声板
金属挂件

50厚离心玻璃棉
金属网固定层(后50空腔)
50厚高深灰色金属板饰面踢脚

Ⓑ 大样图

筒灯
白色乳胶漆饰面
12厚石膏板
18厚阻燃板基层
40厚加强纤维石膏板(GRG)
白色乳胶漆饰面

40厚樱桃木饰面声学挂板
金属挂件

□40×30×3方钢龙骨

40厚樱桃木饰面声学挂板
金属挂件

□40×30×3方钢龙骨

50厚高深灰色金属板凹踢脚

Ⓒ 大样图

某影剧院电影厅效果图

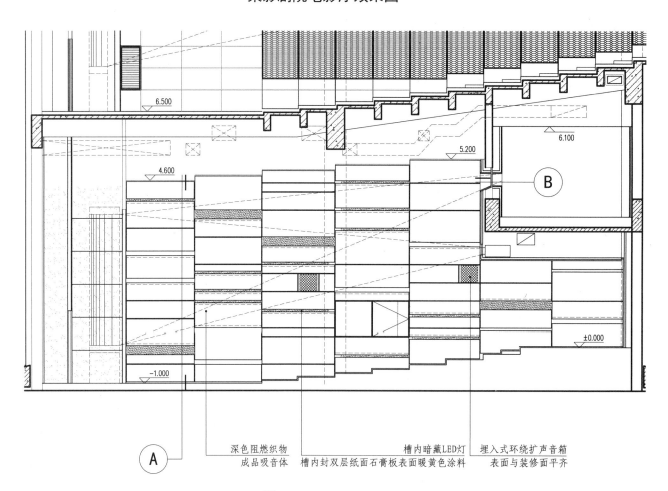

深色阻燃织物　　　　　　　　　　　槽内暗藏LED灯　　埋入式环绕扩声音箱
成品吸音体　　槽内封双层纸面石膏板表面暖黄色涂料　　表面与装修面平齐

① 立面图

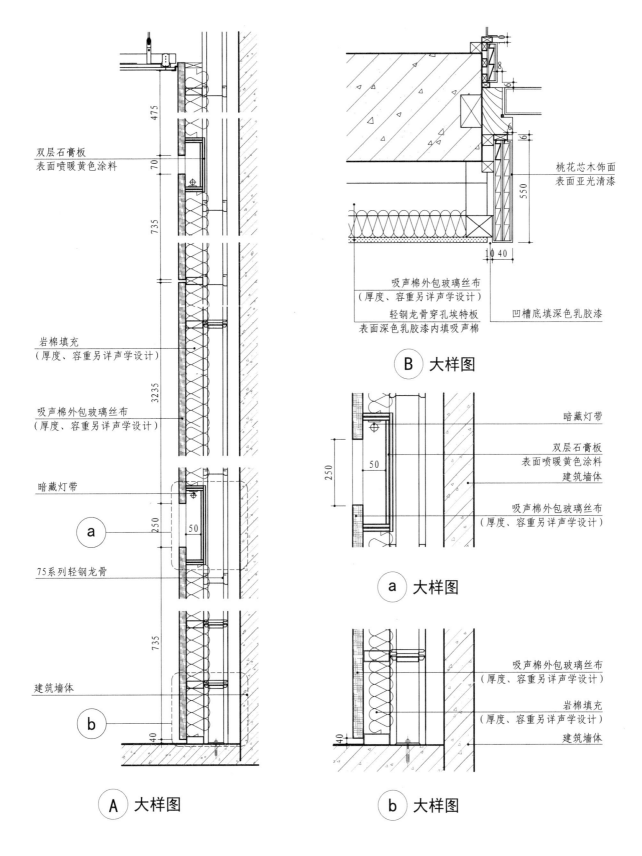

双层石膏板
表面喷暖黄色涂料

岩棉填充
（厚度、容重另详声学设计）

吸声棉外包玻璃丝布
（厚度、容重另详声学设计）

暗藏灯带

75系列轻钢龙骨

建筑墙体

桃花芯木饰面
表面亚光清漆

吸声棉外包玻璃丝布
（厚度、容重另详声学设计）
轻钢龙骨穿孔埃特板
表面深色乳胶漆内填吸声棉

凹槽底填深色乳胶漆

B 大样图

暗藏灯带

双层石膏板
表面喷暖黄色涂料
建筑墙体

吸声棉外包玻璃丝布
（厚度、容重另详声学设计）

a 大样图

吸声棉外包玻璃丝布
（厚度、容重另详声学设计）

岩棉填充
（厚度、容重另详声学设计）

建筑墙体

A 大样图

b 大样图

某学校活动中心多功能厅效果图

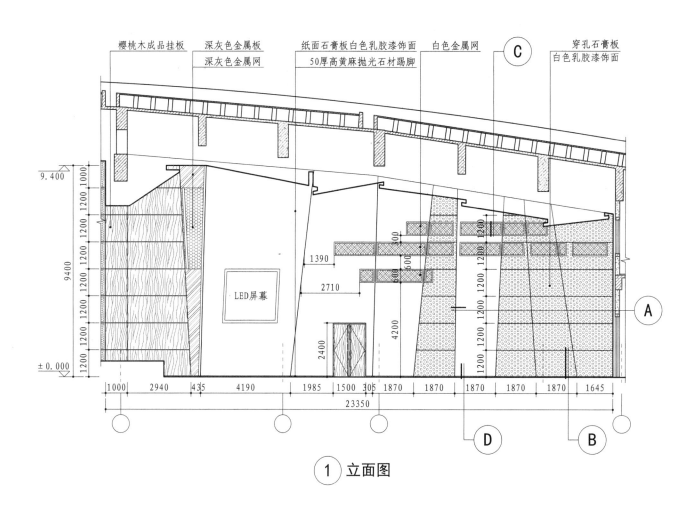

① 立面图

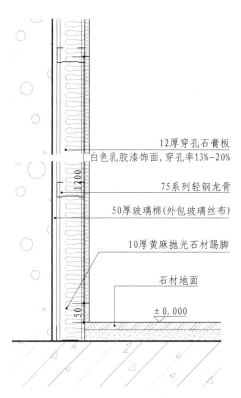

Section2
工程案例

吸声墙面

12厚穿孔石膏板
白色乳胶漆饰面, 穿孔率13%~20%

75系列轻钢龙骨

50厚玻璃棉(外包玻璃丝布)

10厚黄麻抛光石材踢脚

石材地面

±0.000

Ⓑ 大样图

150

200

150

75系列轻钢龙骨

3层9厚纸面石膏板白色乳胶漆饰面

L50×5镀锌角钢

Ⓐ 大样图

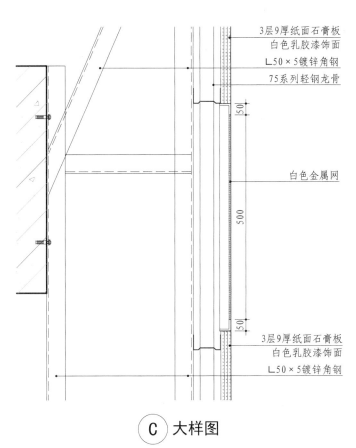

3层9厚纸面石膏板
白色乳胶漆饰面

L50×5镀锌角钢

75系列轻钢龙骨

白色金属网

3层9厚纸面石膏板
白色乳胶漆饰面

L50×5镀锌角钢

Ⓒ 大样图

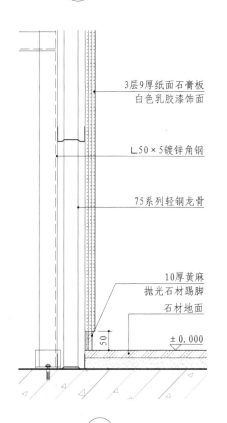

3层9厚纸面石膏板
白色乳胶漆饰面

L50×5镀锌角钢

75系列轻钢龙骨

10厚黄麻
抛光石材踢脚

石材地面

±0.000

Ⓓ 大样图

161

Section2
工程案例
吸声墙面

某办公楼开敞办公区效果图

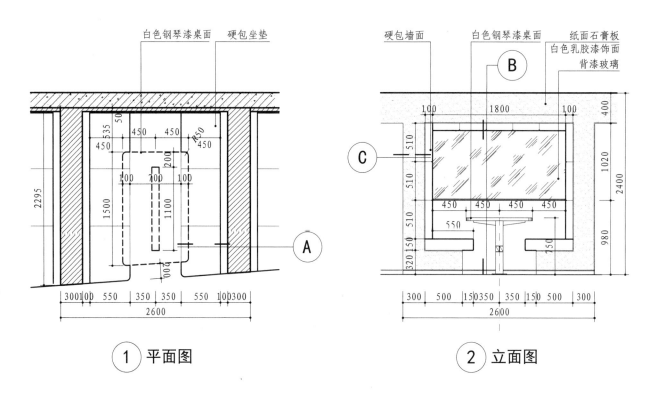

白色钢琴漆桌面　硬包坐垫

2295

300 100 550 | 350 | 350 | 550 | 100 300
2600

Ⓐ

① 平面图

硬包墙面　　白色钢琴漆桌面　纸面石膏板
白色乳胶漆饰面
背漆玻璃

Ⓑ

Ⓒ

100 | 1800 | 100 | 400
510
510
510
450 | 450 | 450 | 450
550
320 150
1020
2400
980
750

300 | 500 |150 350 | 350 |150 500 | 300
2600

② 立面图

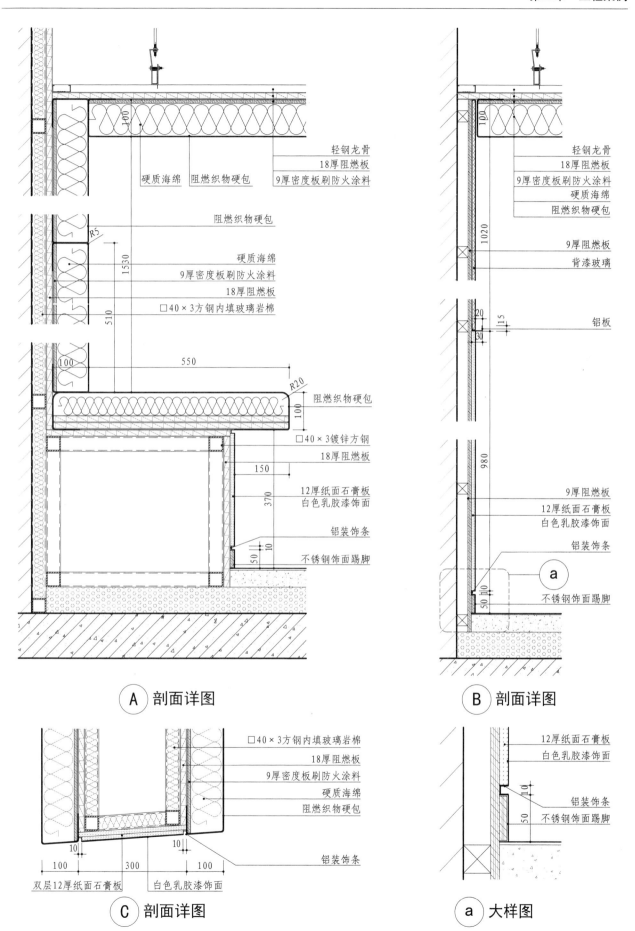

轻钢龙骨
18厚阻燃板
9厚密度板刷防火涂料

硬质海绵   阻燃织物硬包

阻燃织物硬包

硬质海绵
9厚密度板刷防火涂料
18厚阻燃板
□40×3方钢内填玻璃岩棉

阻燃织物硬包

□40×3镀锌方钢
18厚阻燃板

12厚纸面石膏板
白色乳胶漆饰面

铝装饰条

不锈钢饰面踢脚

Ⓐ 剖面详图

轻钢龙骨
18厚阻燃板
9厚密度板刷防火涂料
硬质海绵
阻燃织物硬包

9厚阻燃板
背漆玻璃

铝板

9厚阻燃板
12厚纸面石膏板
白色乳胶漆饰面

铝装饰条

Ⓐ

不锈钢饰面踢脚

Ⓑ 剖面详图

□40×3方钢内填玻璃岩棉
18厚阻燃板
9厚密度板刷防火涂料
硬质海绵
阻燃织物硬包

铝装饰条

双层12厚纸面石膏板   白色乳胶漆饰面

Ⓒ 剖面详图

12厚纸面石膏板
白色乳胶漆饰面

铝装饰条
不锈钢饰面踢脚

Ⓐ 大样图

某贵宾厅照片

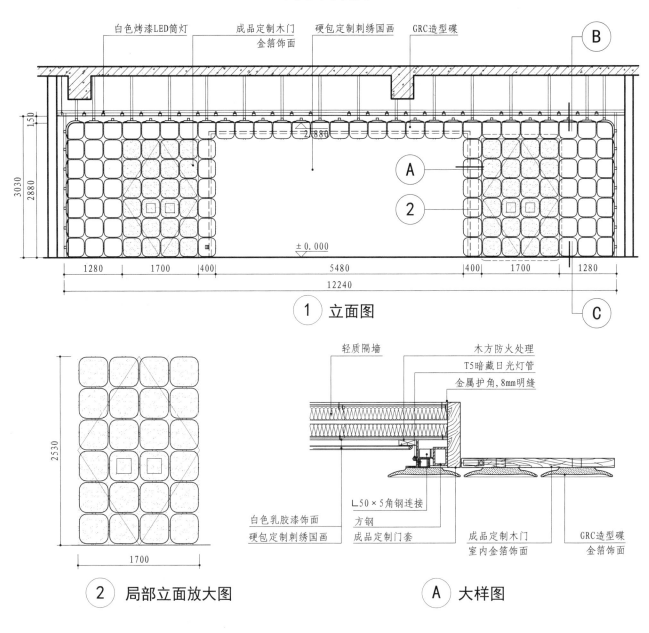

白色烤漆LED筒灯　成品定制木门　硬包定制刺绣国画　GRC造型碟
　　　　　　　　　金箔饰面

B

150
3030　2880

2880

A

2

± 0.000

1280　1700　400　5480　400　1700　1280
12240

C

① 立面图

2530

1700

② 局部立面放大图

轻质隔墙　　木方防火处理
　　　　　　T5暗藏日光灯管
　　　　　　金属护角，8mm明缝

L50×5角钢连接
方钢
白色乳胶漆饰面　成品定制门套　成品定制木门　GRC造型碟
硬包定制刺绣国画　　　　　　室内金箔饰面　金箔饰面

Ⓐ 大样图

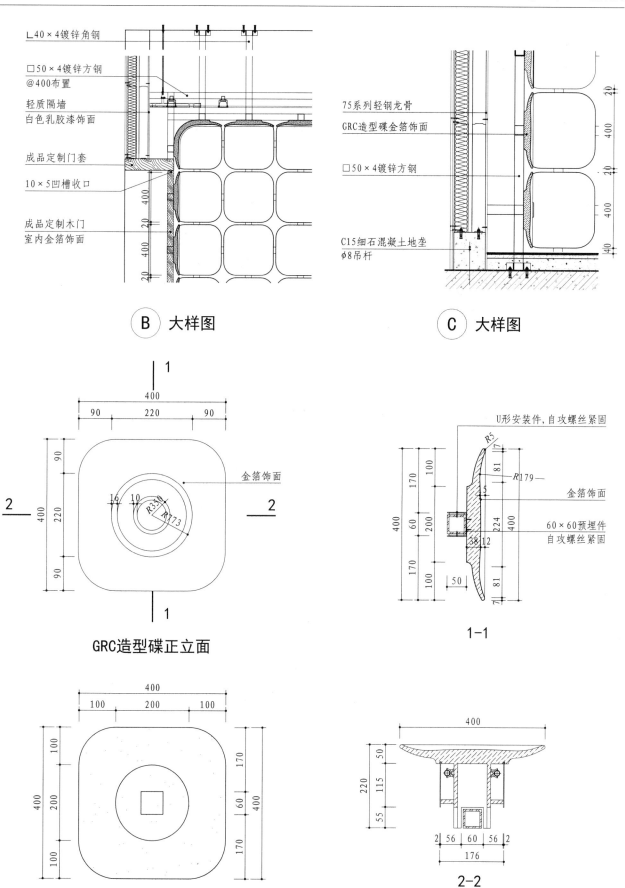

∟40×4镀锌角钢

□50×4镀锌方钢
@400布置

轻质隔墙
白色乳胶漆饰面

成品定制门套

10×5凹槽收口

成品定制木门
室内金箔饰面

B　大样图

75系列轻钢龙骨

GRC造型碟金箔饰面

□50×4镀锌方钢

C15细石混凝土地垄
φ8吊杆

C　大样图

金箔饰面

GRC造型碟正立面

GRC造型碟背立面

U形安装件,自攻螺丝紧固

金箔饰面

60×60预埋件
自攻螺丝紧固

1-1

2-2

GRC造型碟大样图

165

某配电网工作室门厅效果图

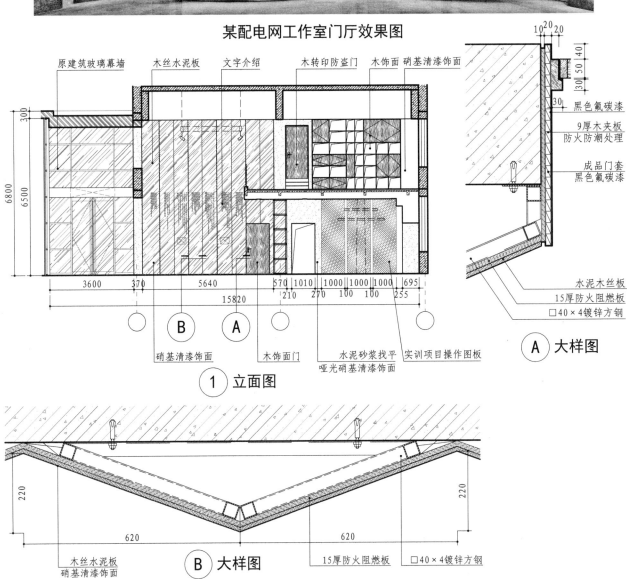

原建筑玻璃幕墙　木丝水泥板　文字介绍　　木转印防盗门　木饰面 硝基清漆饰面

硝基清漆饰面　　　木饰面门　　水泥砂浆找平　实训项目操作图板
　　　　　　　　　　　　　　　　哑光硝基清漆饰面

3600　370　　5640　　570 1010 1000 1000 1000 695
　　　　　　　　　　　210　270 100 100 255
　　　　　15820

B　A

1 立面图

10 20 20

30 50 40

30

黑色氟碳漆

9厚木夹板
防火防潮处理

成品门套
黑色氟碳漆

水泥木丝板

15厚防火阻燃板

□40×4镀锌方钢

A 大样图

220　620　　　620　220

木丝水泥板
硝基清漆饰面　　　15厚防火阻燃板　□40×4镀锌方钢

B 大样图

6800
6500

300

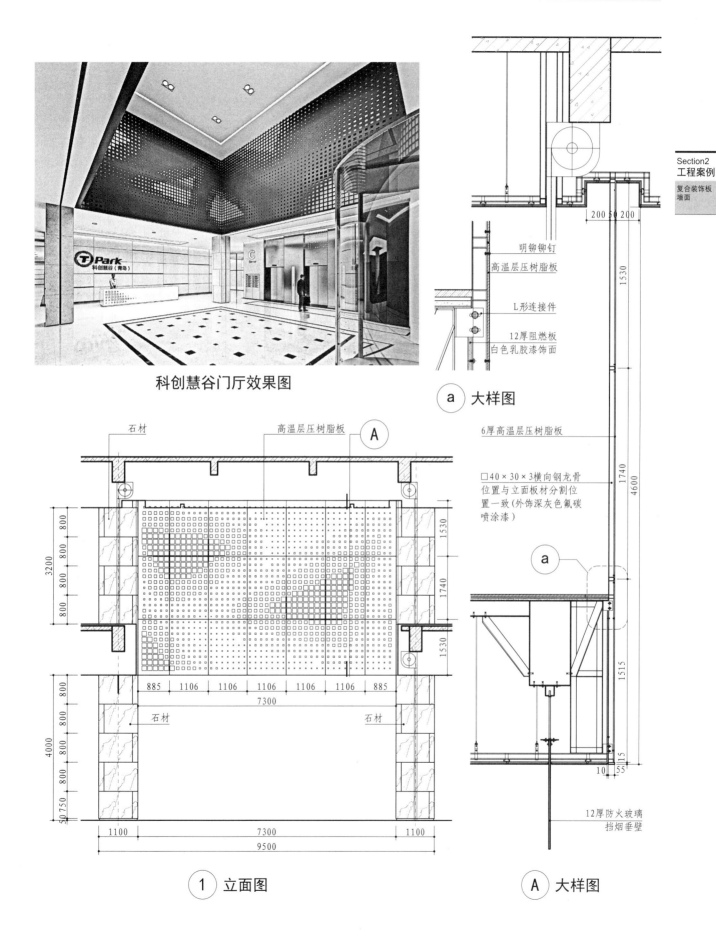

科创慧谷门厅效果图

明铆铆钉

高温层压树脂板

L形连接件

12厚阻燃板
白色乳胶漆饰面

ⓐ 大样图

6厚高温层压树脂板

□40×30×3横向钢龙骨
位置与立面板材分割位
置一致（外饰深灰色氟碳
喷涂漆）

ⓐ

12厚防火玻璃
挡烟垂壁

石材

高温层压树脂板

A

石材   石材

885 | 1106 | 1106 | 1106 | 1106 | 1106 | 885

7300

1100   7300   1100

9500

3200

800
800
800
800

4000

800
800
800
800
50 750

1530
1740
1530

1530
1740
4600

1515
15
10 55

① 立面图

Ⓐ 大样图

某集团员工就餐区效果图

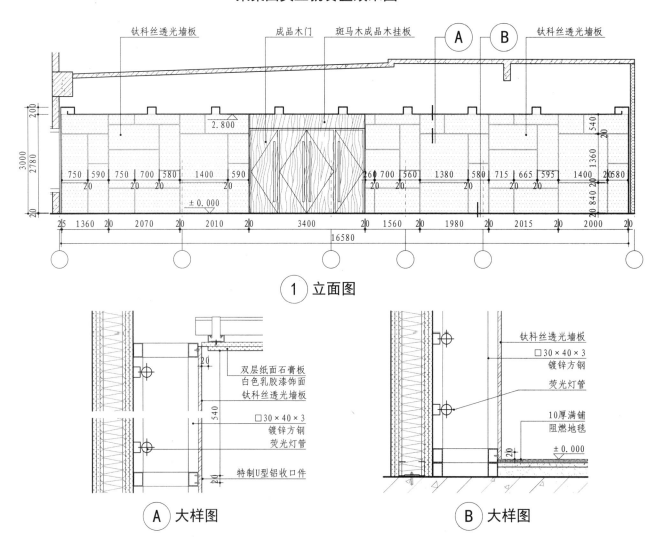

① 立面图

Ⓐ 大样图　　　Ⓑ 大样图

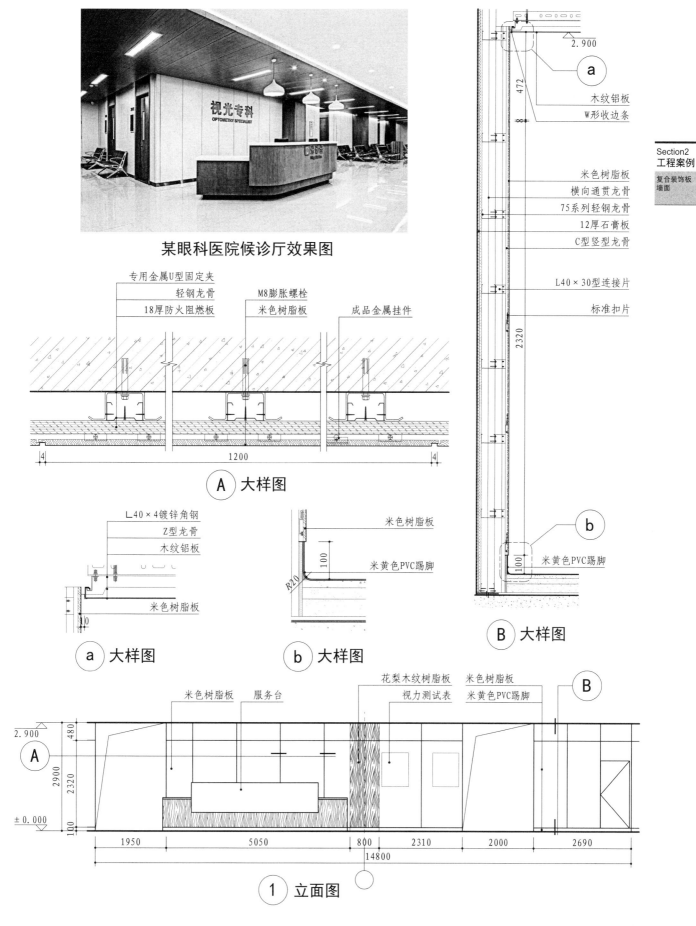

某眼科医院候诊厅效果图

2.900

472

木纹铝板
W形收边条

米色树脂板
横向通贯龙骨
75系列轻钢龙骨
12厚石膏板
C型竖型龙骨

L40×30型连接片

标准扣片

2320

专用金属U型固定夹
轻钢龙骨
18厚防火阻燃板
M8膨胀螺栓
米色树脂板
成品金属挂件

4　　1200　　4

Ⓐ 大样图

L40×4镀锌角钢
Z型龙骨
木纹铝板
米色树脂板

ⓐ 大样图

R20
100
米色树脂板
米黄色PVC踢脚

ⓑ 大样图

b
100
米黄色PVC踢脚

Ⓑ 大样图

米色树脂板　服务台　花梨木纹树脂板　米色树脂板
视力测试表　米黄色PVC踢脚
B

2.900
480
A
2900
2320
±0.000
100

1950　　5050　　800　　2310　　2000　　2690
14800

① 立面图

某酒店大堂效果图

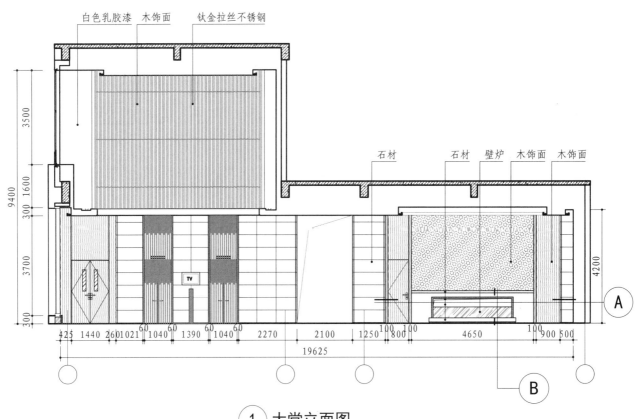

白色乳胶漆　木饰面　钛金拉丝不锈钢

石材　石材　壁炉　木饰面　木饰面

3500
9400
1600
300
3700
300
4200

425 1440 260 1021 60 1040 60 1390 60 1040 60 2270　2100　1250 100 800 100　4650　100 900 500

19625

A

B

① 大堂立面图

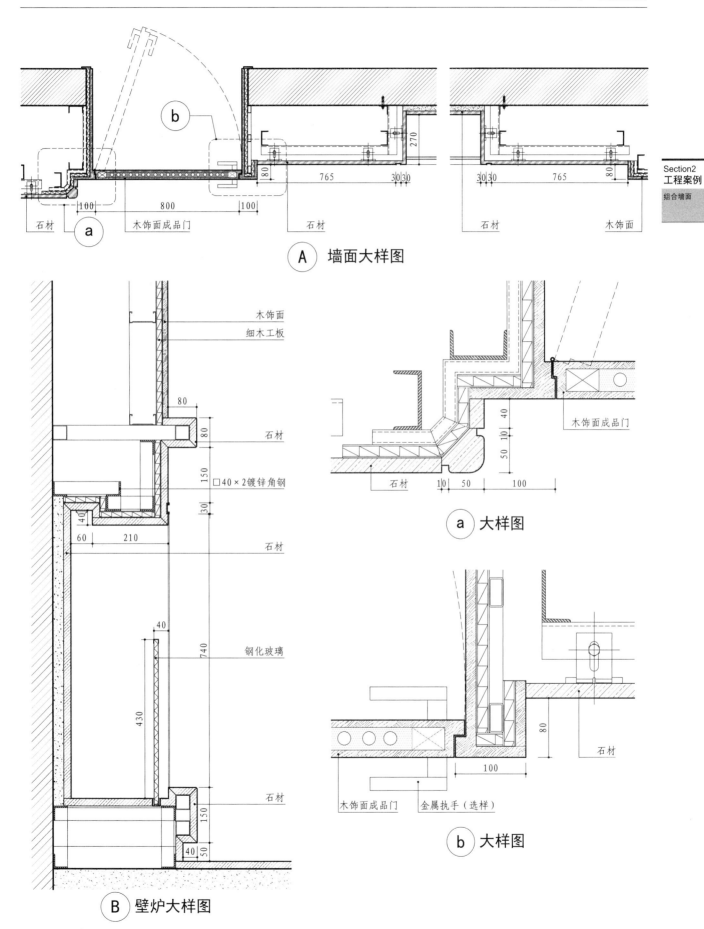

270

80

765

30 30

30 30

765

80

石材

木饰面成品门

石材

石材

木饰面

100

800

100

a

b

Ⓐ 墙面大样图

木饰面
细木工板

80

80

石材

150

□40×2镀锌角钢

30

40

60 210

石材

40

740

430

钢化玻璃

石材

150

40 50

Ⓑ 壁炉大样图

40

50 10

100

木饰面成品门

石材

10 50 100

ⓐ 大样图

80

石材

100

木饰面成品门

金属执手（选样）

ⓑ 大样图

171

某办公楼大堂

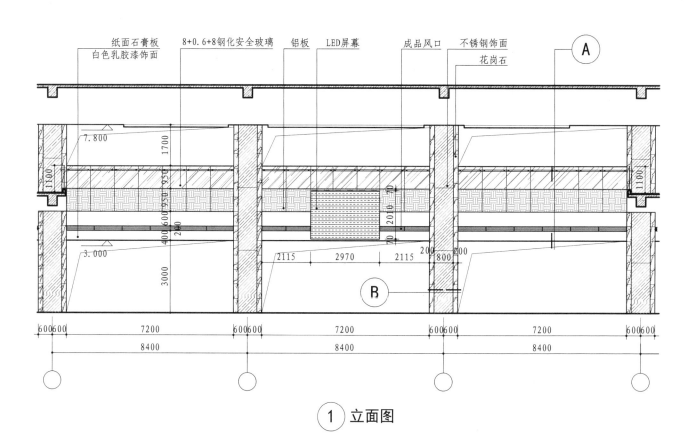

纸面石膏板
白色乳胶漆饰面　　8+0.6+8钢化安全玻璃　铝板　LED屏幕　　成品风口　不锈钢饰面　　花岗石　A

① 立面图

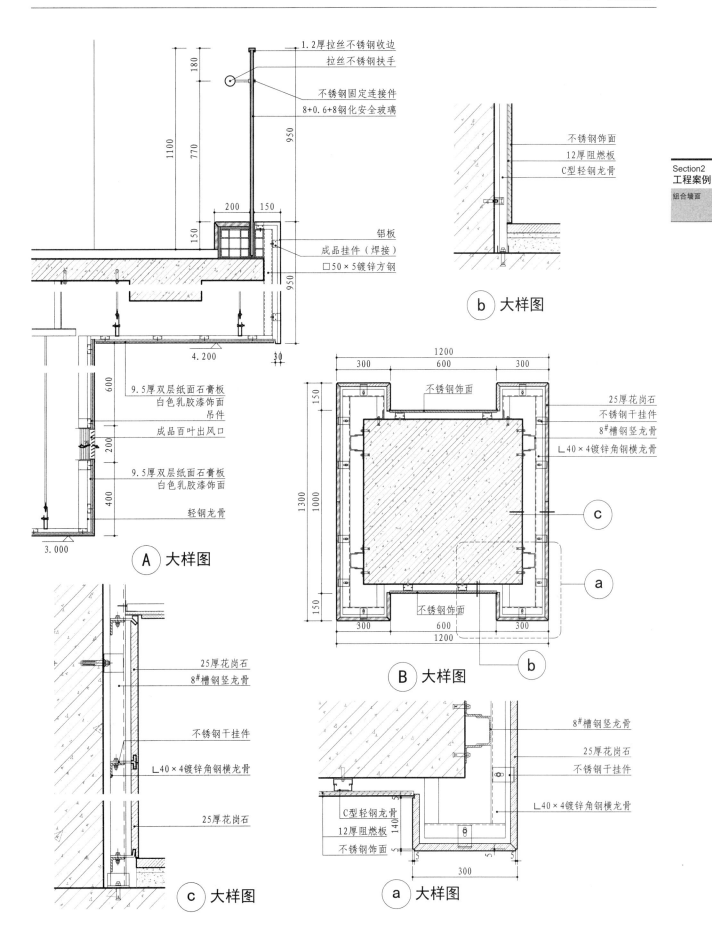

1.2厚拉丝不锈钢收边
拉丝不锈钢扶手
不锈钢固定连接件
8+0.6+8钢化安全玻璃

铝板
成品挂件（焊接）
□50×5镀锌方钢

不锈钢饰面
12厚阻燃板
C型轻钢龙骨

ⓑ 大样图

9.5厚双层纸面石膏板
白色乳胶漆饰面
吊件
成品百叶出风口
9.5厚双层纸面石膏板
白色乳胶漆饰面
轻钢龙骨

Ⓐ 大样图

不锈钢饰面

25厚花岗石
不锈钢干挂件
8#槽钢竖龙骨
L40×4镀锌角钢横龙骨

不锈钢饰面

Ⓑ 大样图

25厚花岗石
8#槽钢竖龙骨
不锈钢干挂件
L40×4镀锌角钢横龙骨
25厚花岗石

ⓒ 大样图

8#槽钢竖龙骨
25厚花岗石
不锈钢干挂件
L40×4镀锌角钢横龙骨
C型轻钢龙骨
12厚阻燃板
不锈钢饰面

ⓐ 大样图

毛里求斯晋非伊甸园门厅效果图

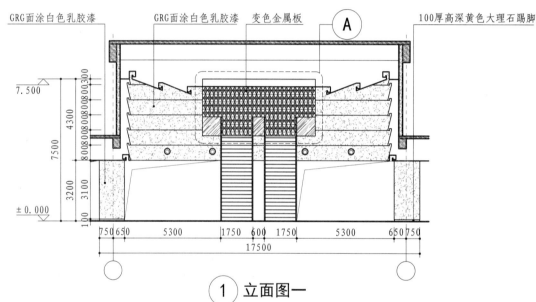

GRG面涂白色乳胶漆   GRG面涂白色乳胶漆   变色金属板   A   100厚高深黄色大理石踢脚

① 立面图一

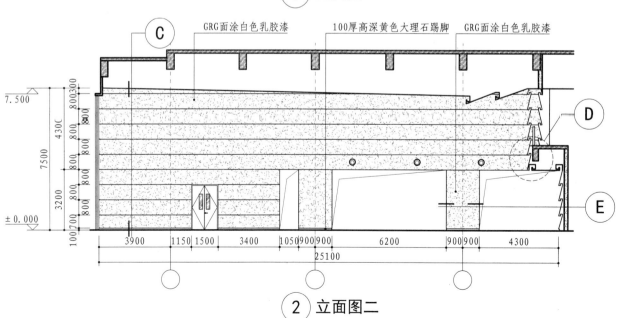

C   GRG面涂白色乳胶漆   100厚高深黄色大理石踢脚   GRG面涂白色乳胶漆   D   E

② 立面图二

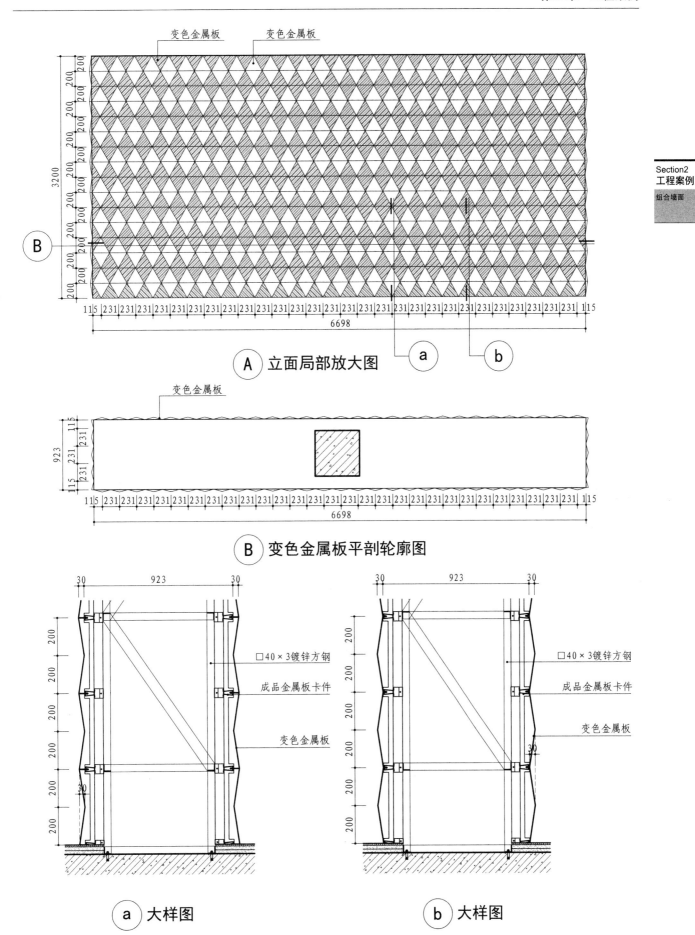

变色金属板　变色金属板

200 200 200 200 200 200 200 200 200 200 200 200 200 200 200

3200

115 231 231 231 231 231 231 231 231 231 231 231 231 231 231 231 231 231 231 231 231 231 231 231 231 231 231 231 231 115

6698

Ⓐ 立面局部放大图

ⓐ　ⓑ

变色金属板

923

115 231 231 115

115 231 231 231 231 231 231 231 231 231 231 231 231 231 231 231 231 231 231 231 231 231 231 231 231 231 231 231 231 115

6698

Ⓑ 变色金属板平剖轮廓图

30　923　30

200 200 200 200 200

30

□40×3镀锌方钢

成品金属板卡件

变色金属板

ⓐ 大样图

30　923　30

200 200 200 200 200

30

□40×3镀锌方钢

成品金属板卡件

变色金属板

ⓑ 大样图

175

150
150
200
150

GRG面涂白色乳胶漆
L50×5镀锌角钢
800
16°
100 100
800
16°
100 100
□50×5镀锌方钢
800
16°
LED灯带
100 100
700
16°
50 100
深黄色大理石踢脚线
3200

成品金属件
GRG面涂白色乳胶漆
LED灯带
14°
144
3070
100 100
□50×5镀锌方钢
800
□30×40×3镀锌方钢
成品金属件
GRG面涂白色乳胶漆
LED灯带
16°
44
30 70
100 100
14°
144
3070
100 100
800
14°
150 150
200
100 150
800

（C） （C）大样图   （D）大样图

GRG面涂白色乳胶漆   成品金属件   □30×3镀锌方钢
L50×3镀锌角钢   L30×3镀锌角钢
700
1400
700
900 900
1800

（C）大样图   （E）柱大样图

176

某园博馆贵宾厅效果图

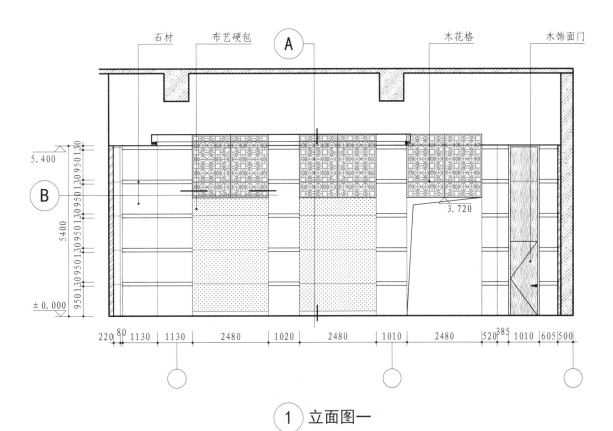

石材　布艺硬包　Ⓐ　木花格　木饰面门

5.400

Ⓑ

5400

3.720

± 0.000

220 80 1130 1130 2480 1020 2480 1010 2480 520 385 1010 605 500

① 立面图一

Section2
工程案例
组合墙面

石材

仿古艺术砖

5.400

C

5400

± 0.000

2030

1560

5750

2160

4400

5800

500 1600 300 1160 1160 1160 1160 1160 300 250 1100
10600

② 立面图二

□40×4镀锌方钢
8厚镀锌钢板
水泥压力板
水泥砂浆粘接层
仿古艺术砖

C 大样图

5.750

双层石膏板
白色乳胶漆饰面

布艺硬包
背衬3厚海绵
9厚阻燃板防火处理
12厚阻燃板防火处理

75系列轻钢龙骨
原有土建墙体

20厚石材
云石胶
75系列地龙骨

± 0.000

Ⓐ 大样图

75系列轻钢龙骨   背衬3厚海绵   12厚阻燃板   不锈钢干挂件
                 布艺硬包   9厚阻燃板

75

150

50

300

□50×5镀锌方钢

└50×5镀锌角钢

石材

Ⓑ 大样图

某贵宾楼会客厅效果图

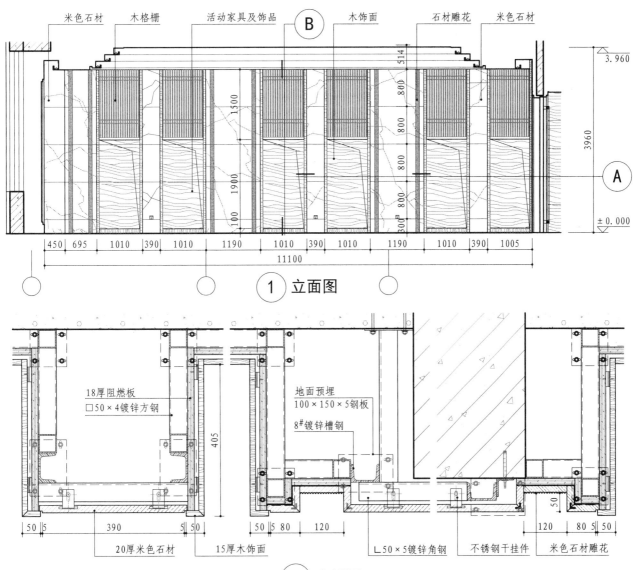

米色石材　木格栅　活动家具及饰品　Ⓑ　木饰面　石材雕花　米色石材

450 695 1010 390 1010 1190 1010 390 1010 1190 1010 390 1005

11100

① 立面图

18厚阻燃板
□50×4镀锌方钢

地面预埋
100×150×5钢板

8#镀锌槽钢

20厚米色石材　　15厚木饰面　　　　　L50×5镀锌角钢　　不锈钢干挂件　　米色石材雕花

Ⓐ 大样图

179

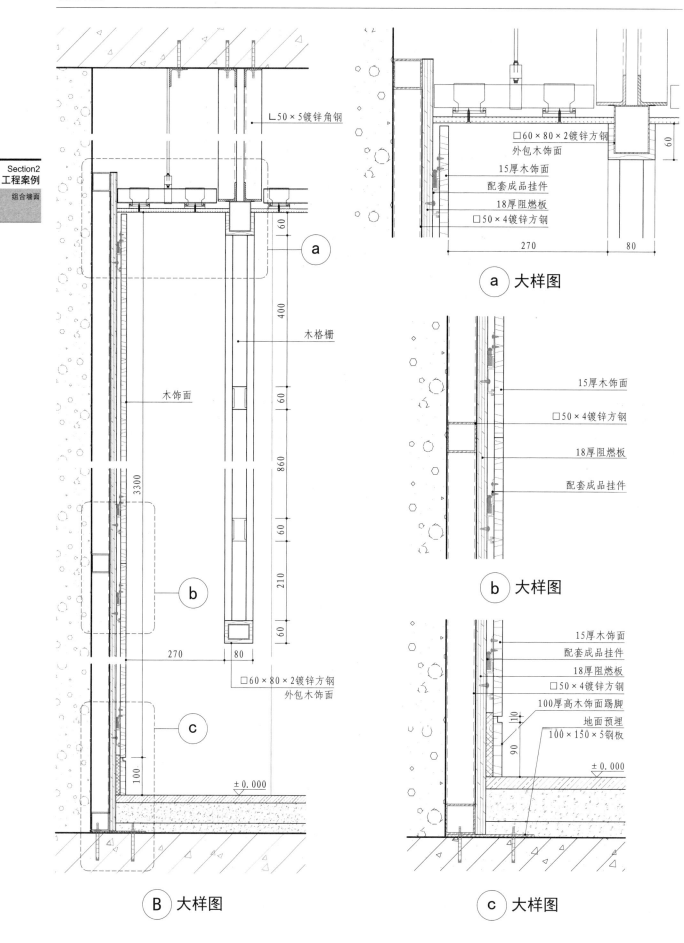

L50×5镀锌角钢

a

400

木格栅

木饰面

60

860

3300

60

210

60

b

270   80

□60×80×2镀锌方钢
外包木饰面

c

100

±0.000

B 大样图

□60×80×2镀锌方钢
外包木饰面
15厚木饰面
配套成品挂件
18厚阻燃板
□50×4镀锌方钢

60

270   80

a 大样图

15厚木饰面
□50×4镀锌方钢
18厚阻燃板
配套成品挂件

b 大样图

15厚木饰面
配套成品挂件
18厚阻燃板
□50×4镀锌方钢
100厚高木饰面踢脚
地面预埋
100×150×5钢板

10

90

±0.000

c 大样图

某商场VIP客户服务中心效果图

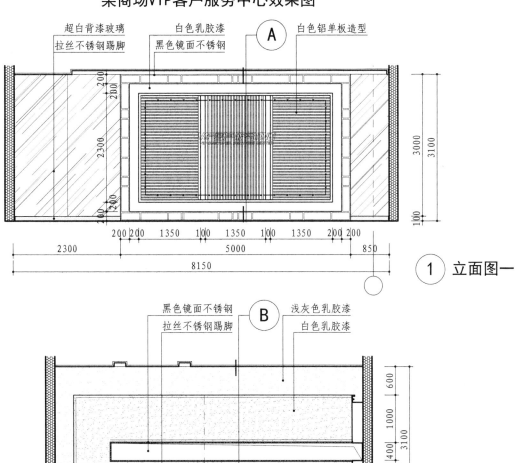

超白背漆玻璃　　白色乳胶漆　　Ⓐ　　白色铝单板造型
拉丝不锈钢踢脚　　黑色镜面不锈钢

200 200 1350 100 1350 100 1350 200 200
2300　　　　　　5000　　　　　　850
8150

2300　3000　3100

① 立面图一

黑色镜面不锈钢　　Ⓑ　　浅灰色乳胶漆
拉丝不锈钢踢脚　　　　　白色乳胶漆

600 1000 400 700 3100

400　　　　6050　　　　250
6700

② 立面图二

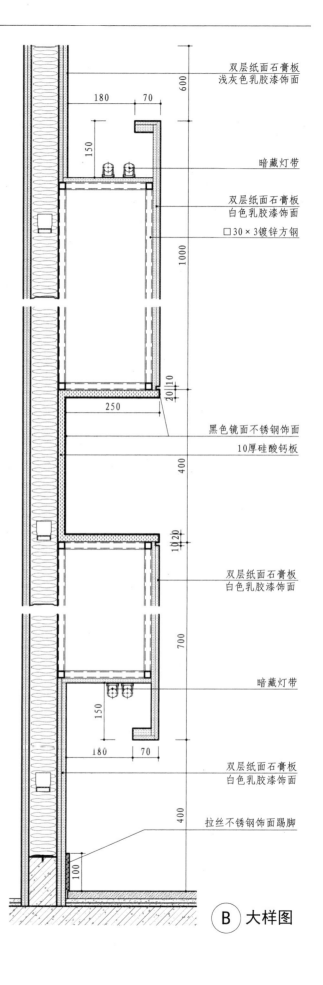

黑色镜面不锈钢饰面

双层纸面石膏板
白色乳胶漆饰面

黑色镜面不锈钢饰面

双层硅酸钙板
白色乳胶漆饰面
白色乳胶漆饰面

白色铝单板造型

暗藏灯带

10厚硅酸钙板

□50×5镀锌方钢

白色铝单板造型

10厚硅酸钙板

暗藏灯带

双层纸面石膏板
白色乳胶漆饰面
双层12厚硅酸钙板
白色乳胶漆饰面

黑色镜面不锈钢饰面

双层纸面石膏板
白色乳胶漆饰面

黑色镜面不锈钢饰面

双层纸面石膏板
浅灰色乳胶漆饰面

暗藏灯带

双层纸面石膏板
白色乳胶漆饰面
□30×3镀锌方钢

黑色镜面不锈钢饰面
10厚硅酸钙板

双层纸面石膏板
白色乳胶漆饰面

暗藏灯带

双层纸面石膏板
白色乳胶漆饰面

拉丝不锈钢饰面踢脚

Ⓐ 大样图

Ⓑ 大样图

182

某大会议室效果图

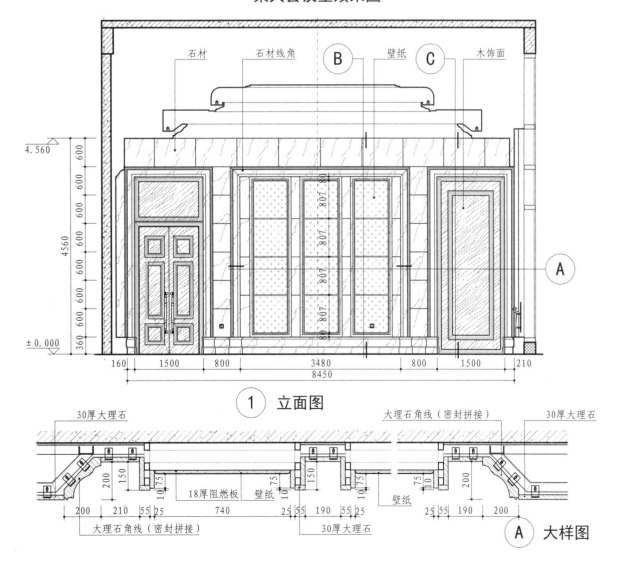

石材　　　石材线角　　B　　　壁纸　　C　　　木饰面

① 立面图

30厚大理石　　　　　大理石角线（密封拼接）　　　30厚大理石

18厚阻燃板　壁纸

壁纸

大理石角线（密封拼接）　　　30厚大理石

Ⓐ 大样图

183

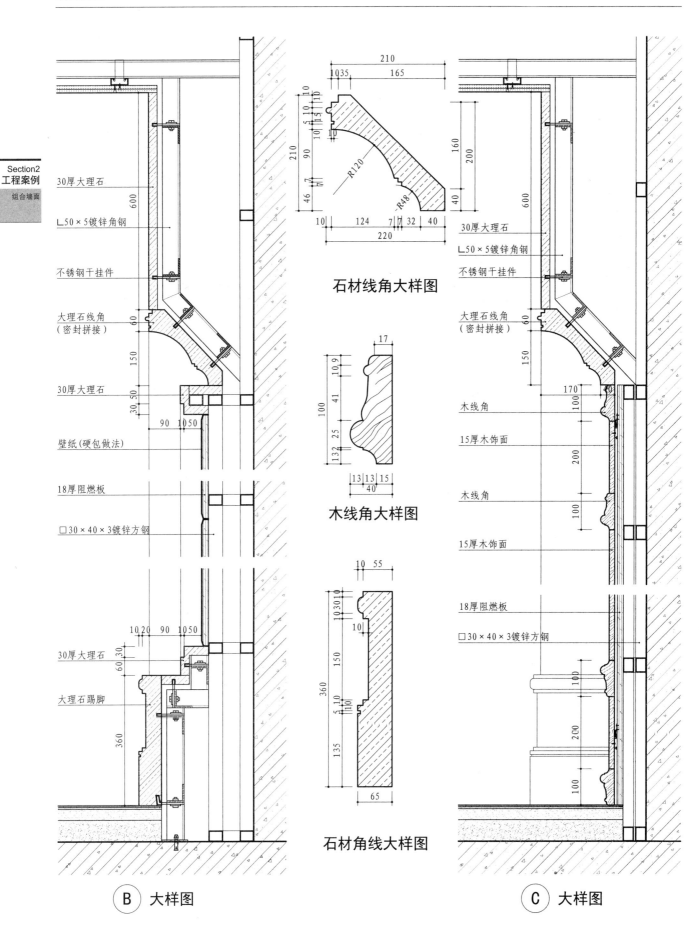

Section2
工程案例
组合墙面

30厚大理石

L50×5镀锌角钢

不锈钢干挂件

大理石线角
（密封拼接）

30厚大理石

壁纸(硬包做法)

18厚阻燃板

□30×40×3镀锌方钢

30厚大理石

大理石踢脚

石材线角大样图

木线角大样图

石材角线大样图

30厚大理石

L50×5镀锌角钢

不锈钢干挂件

大理石线角
（密封拼接）

木线角

15厚木饰面

木线角

15厚木饰面

18厚阻燃板

□30×40×3镀锌方钢

Ⓑ 大样图

Ⓒ 大样图

某办公楼会议室效果图

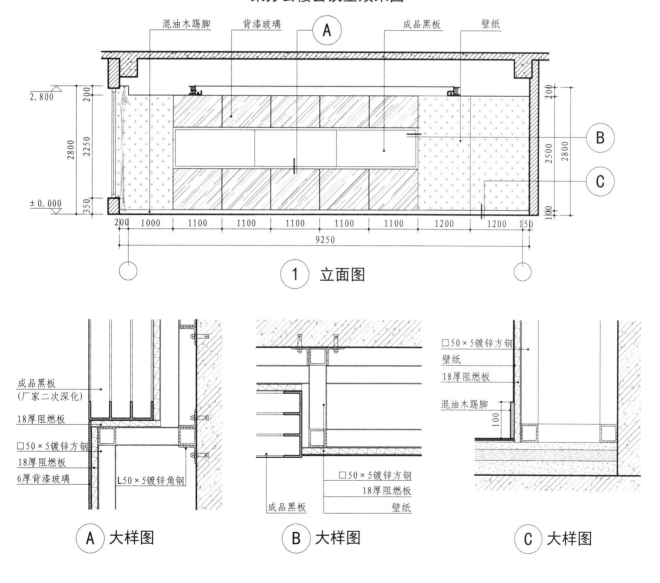

混油木踢脚　　背漆玻璃　　　A　　　　　成品黑板　　　壁纸

① 立面图

成品黑板
(厂家二次深化)

18厚阻燃板

□50×5镀锌方钢
18厚阻燃板
6厚背漆玻璃

L50×5镀锌角钢

Ⓐ 大样图

□50×5镀锌方钢
18厚阻燃板

成品黑板　　　　壁纸

Ⓑ 大样图

□50×5镀锌方钢
壁纸
18厚阻燃板

混油木踢脚

Ⓒ 大样图

某总部综合楼多功能会议室效果图

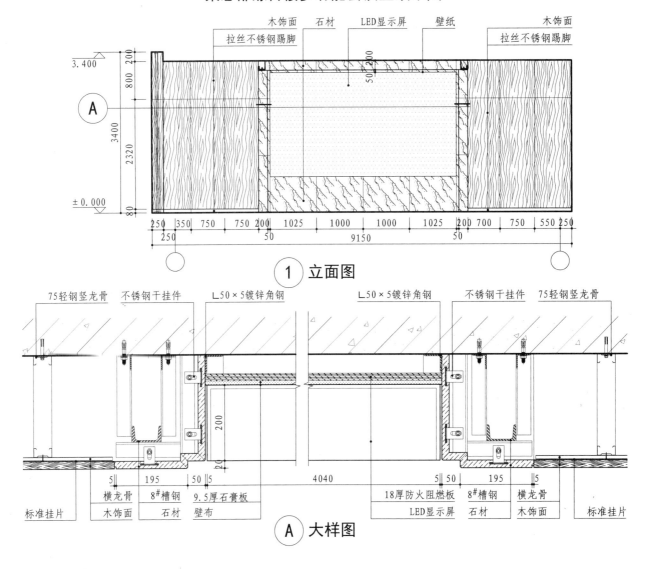

木饰面　石材　LED显示屏　壁纸　　木饰面
拉丝不锈钢踢脚　　　　　　　　　　拉丝不锈钢踢脚

① 立面图

75轻钢竖龙骨　不锈钢干挂件　L50×5镀锌角钢　　　L50×5镀锌角钢　不锈钢干挂件　75轻钢竖龙骨

标准挂片　横龙骨　8#槽钢　9.5厚石膏板　　18厚防火阻燃板　8#槽钢　横龙骨　标准挂片
木饰面　石材　壁布　　　　　LED显示屏　石材　木饰面

Ⓐ 大样图

某贵宾楼自助餐厅效果图

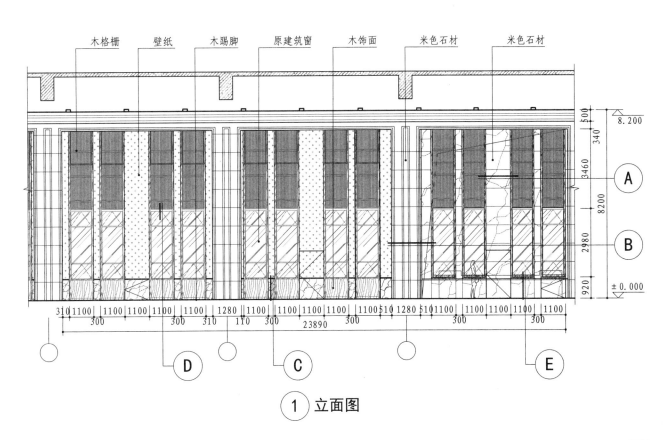

木格栅　　壁纸　　　木踢脚　　原建筑窗　　木饰面　　米色石材　　米色石材

① 立面图

预埋100×150×5钢板
地面预埋100×150×5钢板

18厚阻燃板
15厚木饰面
□50×4镀锌方钢

35
385
330
20

70
1100
70
1240

米色石材

Ⓐ 大样图

L50×5镀锌角钢

不锈钢干挂件

70
70

8#镀锌槽钢

地面预埋
100×150×5钢板

米色石材

655

原结构柱

1630
200
70

L50×5镀锌角钢

米色石材

不锈钢干挂件

355

石材背板

70
70

70
70

70
70
330
70
200
70
330
70
70
1280

Ⓑ 柱大样图

188

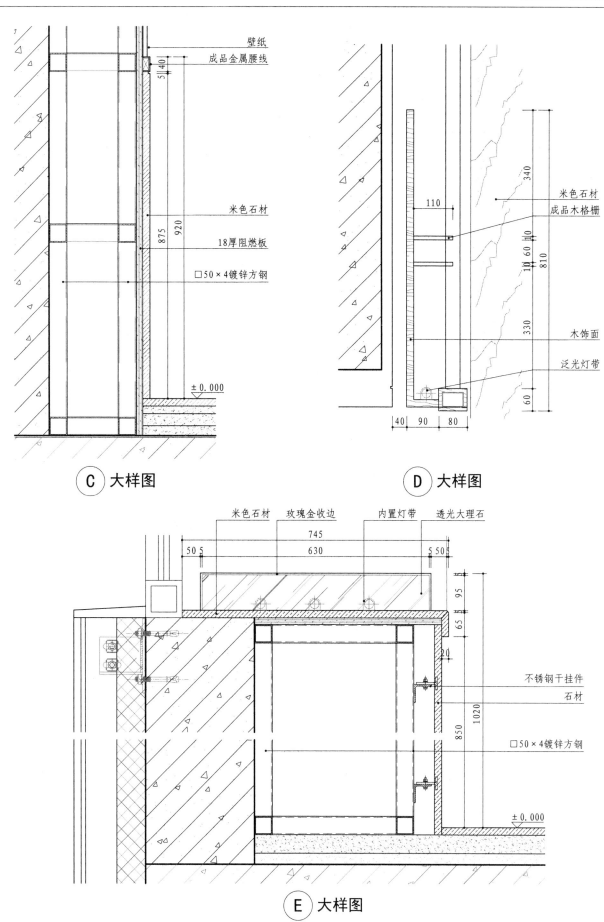

壁纸
成品金属腰线
5 40
米色石材
18厚阻燃板
□50×4镀锌方钢
±0.000

C 大样图

米色石材
成品木格栅
木饰面
泛光灯带
110
340
810
10 60 10
330
60
40 90 80

D 大样图

米色石材　玫瑰金收边　　内置灯带　透光大理石
745
50 5　　　630　　　5 50 5
95
65
20
不锈钢干挂件
石材
1020
850
□50×4镀锌方钢
±0.000

E 大样图

某办公室发光装饰墙效果图

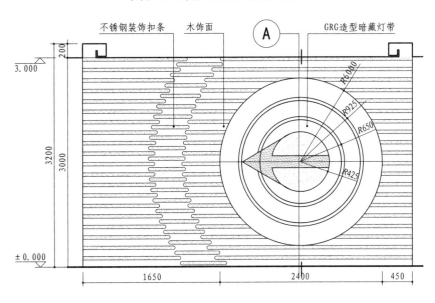

① 立面图

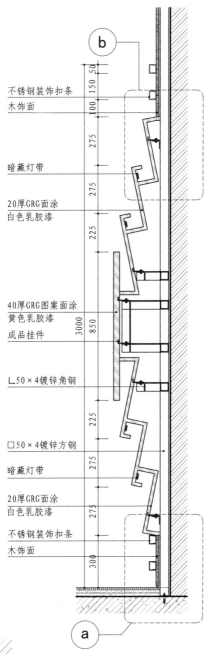

不锈钢装饰扣条
木饰面

暗藏灯带

20厚GRG面涂
白色乳胶漆

40厚GRG图案面涂
黄色乳胶漆
成品挂件

L50×4镀锌角钢

□50×4镀锌方钢

暗藏灯带

20厚GRG面涂
白色乳胶漆

不锈钢装饰扣条
木饰面

Ⓐ 大样图

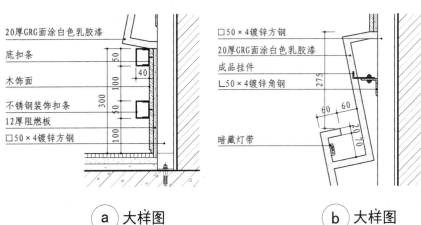

20厚GRG面涂白色乳胶漆

底扣条

木饰面

不锈钢装饰扣条

12厚阻燃板

□50×4镀锌方钢

ⓐ 大样图

□50×4镀锌方钢

20厚GRG面涂白色乳胶漆

成品挂件

L50×4镀锌角钢

暗藏灯带

ⓑ 大样图

注：GRG厚度由设计根据不同的使用性能确定。

某售楼处卫生间效果图

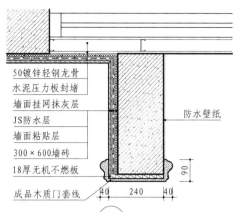

50镀锌轻钢龙骨
水泥压力板封堵
墙面挂网抹灰层
JS防水层
墙面粘贴层
300×600墙砖
18厚无机不燃板
成品木质门套线

防水壁纸

90

40　240　40

Ⓐ 大样图

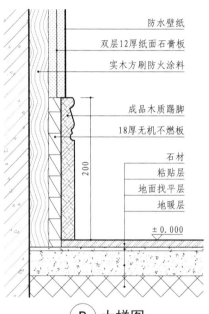

防水壁纸
双层12厚纸面石膏板
实木方刷防火涂料

成品木质踢脚
18厚无机不燃板

石材
粘贴层
地面找平层
地暖层

200

± 0.000

Ⓑ 大样图

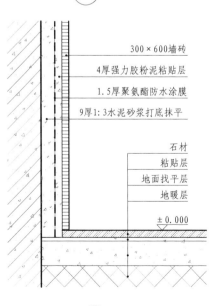

300×600墙砖
4厚强力胶粉泥粘贴层
1.5厚聚氨酯防水涂膜
9厚1:3水泥砂浆打底抹平

石材
粘贴层
地面找平层
地暖层

± 0.000

Ⓒ 大样图

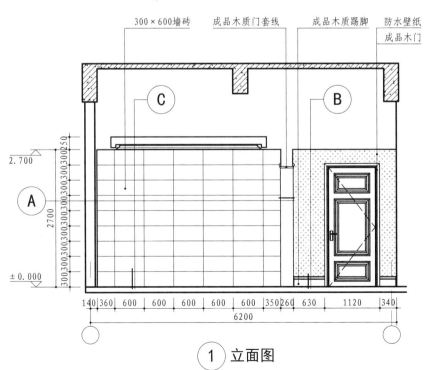

300×600墙砖　　成品木质门套线　　成品木质踢脚　防水壁纸
成品木门

C　　　　　　B

2.700

300 300 250

2700

300 300 300 300 300 300 300

± 0.000

140　360　600　600　600　600　600　350 260　630　　1120　　340

6200

Ⓐ

① 立面图

191

某酒店卫生间效果图

暗藏LED支架灯
双层9.5厚纸面石膏板
白色乳胶漆饰面

木饰面

透明夹胶玻璃
木饰面

木饰面

Ⓐ 大样图

木楞　石材　钛金拉丝不锈钢
车边明镜　木饰面　透明夹胶玻璃　钛金拉丝不锈钢
木饰面

A

B

200
3420
3160
60

60 420 60 300 700 500 700 100 60 420 60 5 5 840 50
200　　　125
4650

① 立面图

石材　木饰面

ⓐ 大样图

石材　木饰面成品门套　木饰面成品门

ⓑ 大样图

石材　透明夹胶玻璃　木饰面　石材
木饰面　木楞　木饰面成品门套

1000
40
100
50 60

200 60 20 60 60 60 60 20 60 125 55
420

ⓐ

ⓑ 金属执手（选样）　木饰面成品门

Ⓑ 大样图

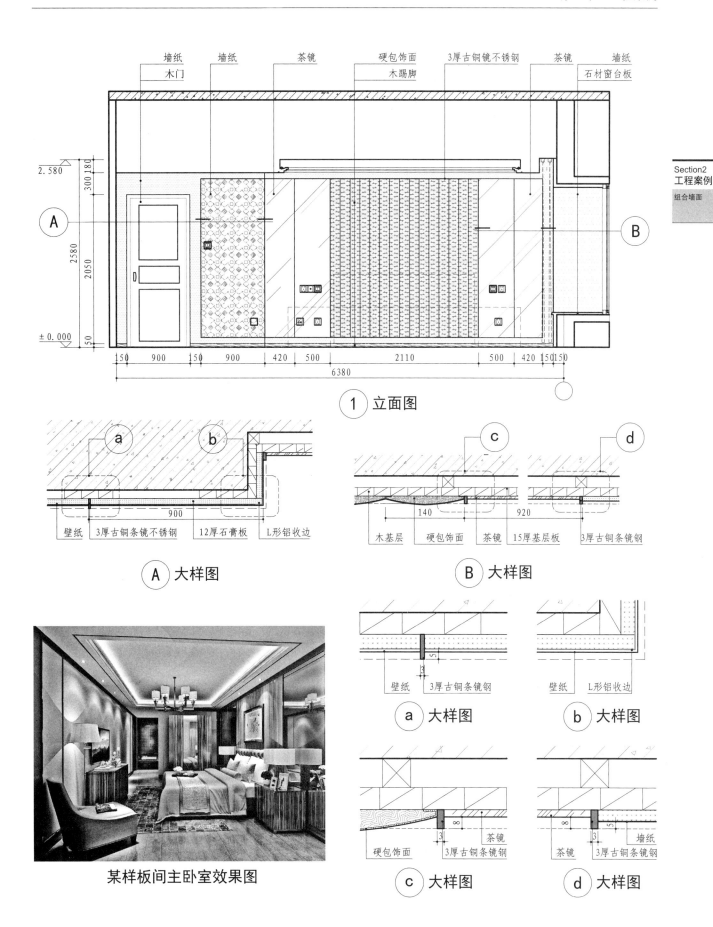

墙纸　　墙纸　　　　茶镜　　　　硬包饰面　　3厚古铜镜不锈钢　　茶镜　　墙纸
木门　　　　　　　　　　　　　木踢脚　　　　　　　　　　　　　　　石材窗台板

2.580

300　180

A

2580

2050

B

± 0.000

50

150　900　150　900　420　500　　2110　　500　420　150　150

6380

1　立面图

a　　　　b

A　大样图

壁纸　3厚古铜条镜不锈钢　12厚石膏板　L形铝收边

900

c　　　　d

B　大样图

木基层　硬包饰面　茶镜　15厚基层板　3厚古铜条镜钢

140　　920

某样板间主卧室效果图

壁纸　3厚古铜条镜钢

5
3

a　大样图

壁纸　L形铝收边

b　大样图

硬包饰面　3厚古铜条镜钢

3

c　大样图

茶镜　3厚古铜条镜钢　墙纸

3　　5

d　大样图

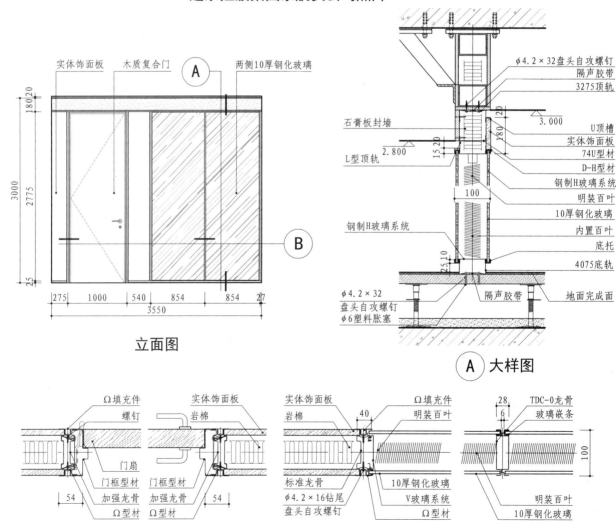

远东控股集团京航安公司照片

实体饰面板　木质复合门　Ⓐ　两侧10厚钢化玻璃

$\phi 4.2 \times 32$盘头自攻螺钉
隔声胶带
3275顶轨

石膏板封墙
U顶槽
实体饰面板
74U型材
L型顶轨
D-H型材
钢制H玻璃系统
明装百叶
钢制H玻璃系统
10厚钢化玻璃
内置百叶
底托
4075底轨
地面完成面

$\phi 4.2 \times 32$
盘头自攻螺钉
$\phi 6$塑料胀塞
隔声胶带

180/20
3000
2775
25

275　1000　540　854　854　27
3550

立面图

Ⓐ 大样图

Ω填充件　实体饰面板　实体饰面板　Ω填充件　　TDC-0龙骨
螺钉　岩棉　岩棉　明装百叶　玻璃嵌条

门扇　门框型材
加强龙骨　加强龙骨
54　Ω型材　Ω型材　54

标准龙骨　10厚钢化玻璃
$\phi 4.2 \times 16$钻尾　V玻璃系统
盘头自攻螺钉　Ω型材

40
28　6
100
明装百叶
10厚钢化玻璃

Ⓑ 大样图

注：1.本页根据驰瑞莱工业（北京）有限公司提供资料编制。
　　2.实体饰面板板材可选用金属蜂窝复合板、埃特板、石膏板、抗倍特板等材质，以满足不同的防火要求。
　　　同时可用不同饰面材料进行表面粘贴，满足不同的装饰效果。

中设数字BIM研究中心照片

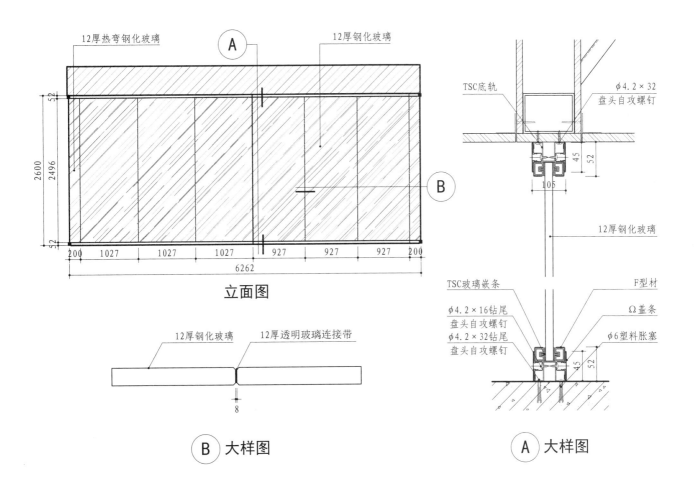

立面图

B 大样图

A 大样图

注：本页根据驰瑞莱工业（北京）有限公司提供资料编制。

某保险公司办公区照片

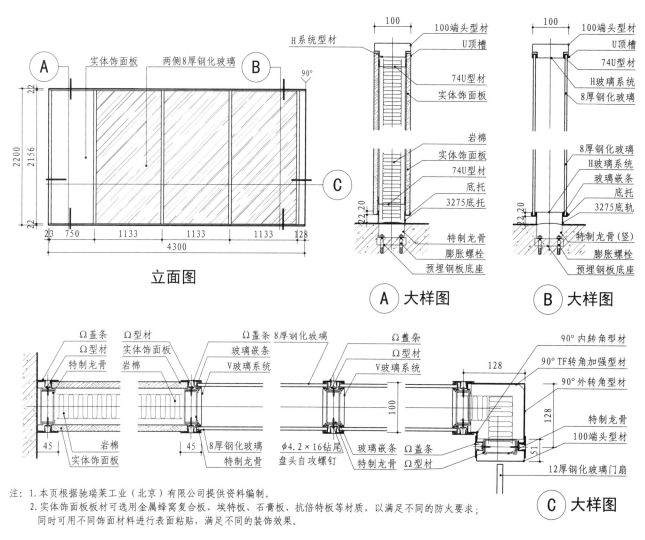

立面图

A 大样图

B 大样图

C 大样图

注：1.本页根据驰瑞莱工业（北京）有限公司提供资料编制。
    2.实体饰面板板材可选用金属蜂窝复合板、埃特板、石膏板、抗倍特板等材质，以满足不同的防火要求；
      同时可用不同饰面材料进行表面粘贴，满足不同的装饰效果。

通策医疗集团杭州医院照片

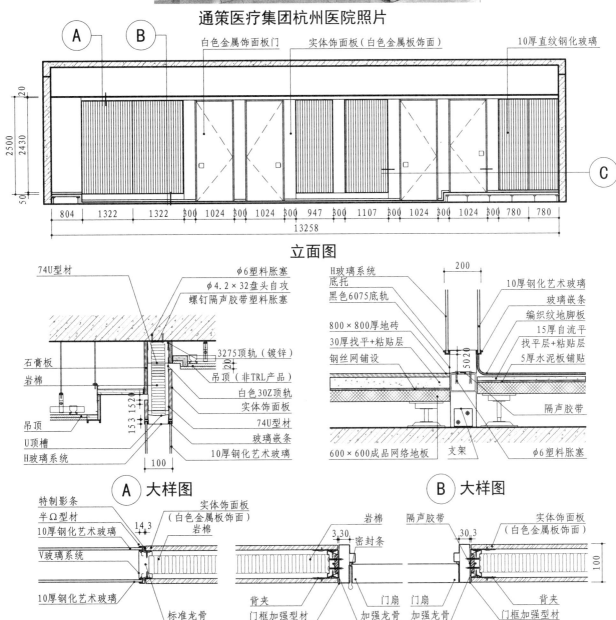

立面图

Ⓐ 大样图

Ⓑ 大样图

Ⓒ 大样图

注：1.本页根据驰瑞莱工业（北京）有限公司提供资料编制。
　　2.实体饰面板板材可选用金属蜂窝复合板、埃特板、石膏板、抗倍特板等材质，以满足不同的防火要求；
　　　同时可用不同饰面材料进行表面粘贴，满足不同的装饰效果。

上证所金桥技术中心照片

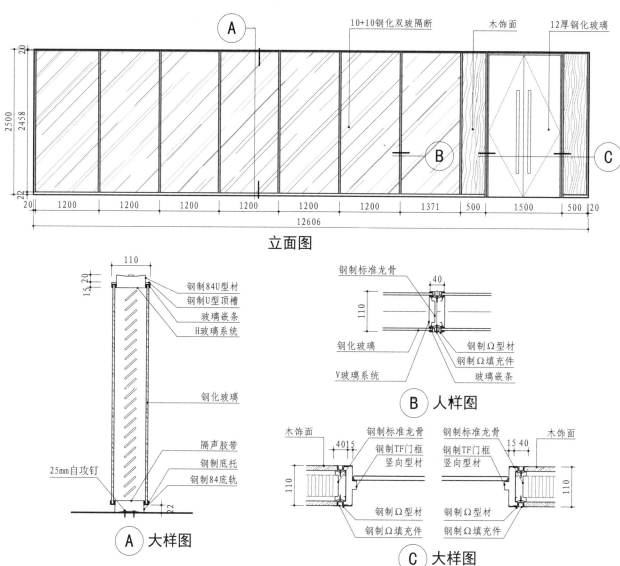

注: 本页根据驰瑞莱工业(北京)有限公司提供资料编制。

日出东方公司办公楼照片

立面图

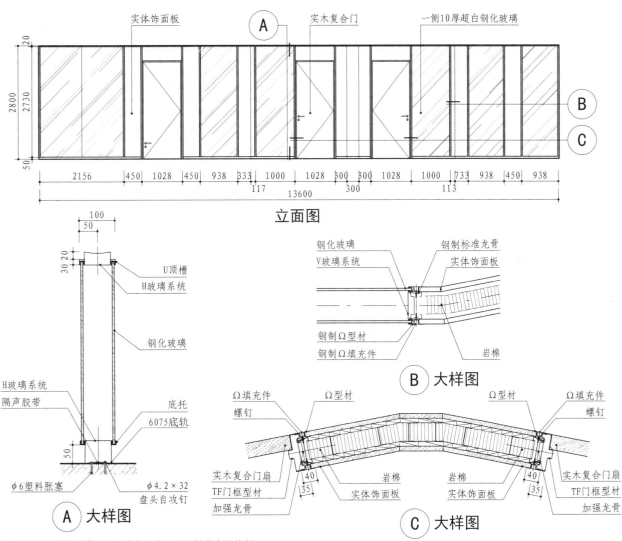

注：1.本页根据驰瑞莱工业（北京）有限公司提供资料编制。
　　2.实体饰面板板材可选用金属蜂窝复合板、埃特板、石膏板、抗倍特板等材质，以满足不同的防火要求；
　　　同时可用不同饰面材料进行表面粘贴，满足不同的装饰效果。

中国人保大厦照片

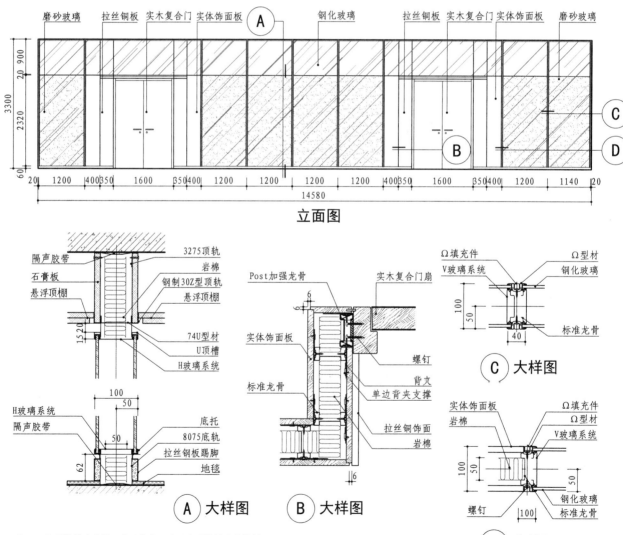

立面图

A 大样图

B 大样图

C 大样图

D 大样图

注：1. 本页根据驰瑞莱工业（北京）有限公司提供资料编制。
　　2. 实体饰面板板材可选用金属蜂窝复合板、埃特板、石膏板、抗倍特板等材质，以满足不同的防火要求；
　　　 同时可用不同饰面材料进行表面粘贴，满足不同的装饰效果。

中国信达合肥灾备及后援中心照片

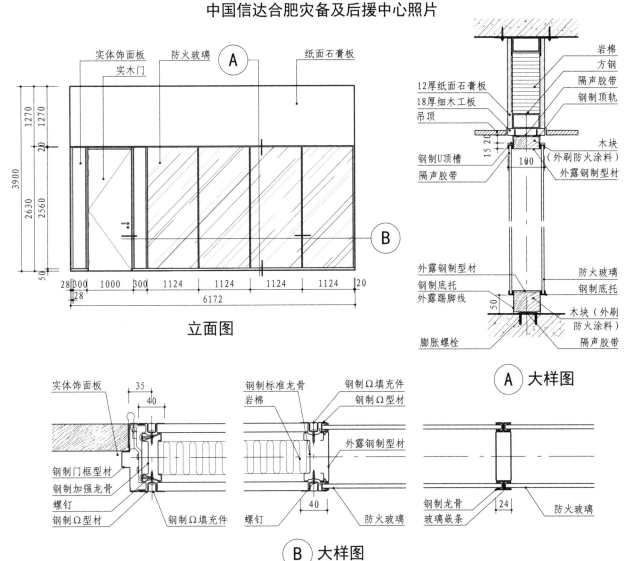

注：1.本页根据驰瑞莱工业（北京）有限公司提供资料编制。
　　2.实体饰面板板材可选用金属蜂窝复合板、埃特板、石膏板、抗倍特板等材质，以满足不同的防火要求；
　　　同时可用不同饰面材料进行表面粘贴，满足不同的装饰效果。

国开证券照片

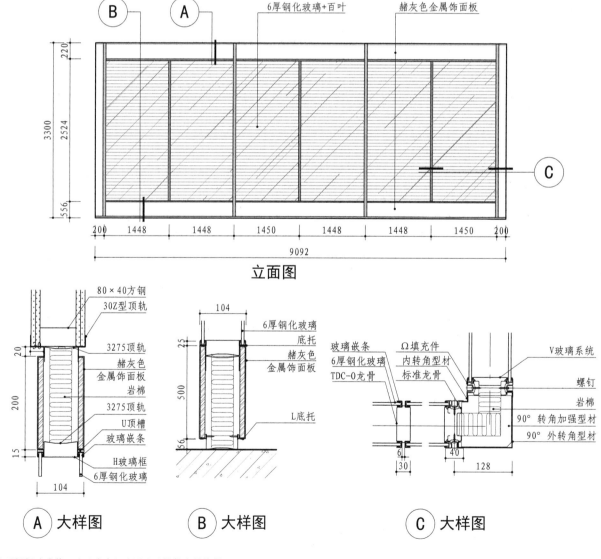

6厚钢化玻璃+百叶   赭灰色金属饰面板

立面图

80×40方钢
30Z型顶轨
3275顶轨
赭灰色
金属饰面板
岩棉
3275顶轨
U顶槽
玻璃嵌条
H玻璃框
6厚钢化玻璃

Ⓐ 大样图

6厚钢化玻璃
底托
赭灰色
金属饰面板
L底托

Ⓑ 大样图

玻璃嵌条   Ω填充件   V玻璃系统
6厚钢化玻璃   内转角型材
TDC-0龙骨   标准龙骨   螺钉
岩棉
90° 转角加强型材
90° 外转角型材

Ⓒ 大样图

注：本页根据驰瑞莱工业（北京）有限公司提供资料编制。

首钢冬奥广场照片

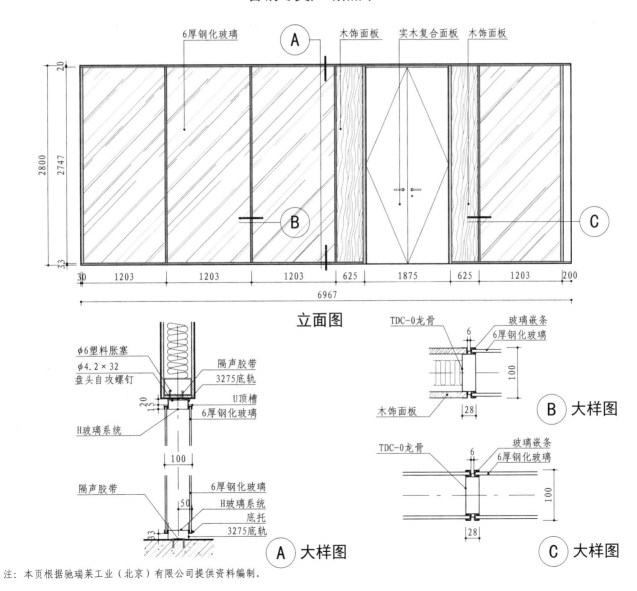

立面图

Ⓐ 大样图

Ⓑ 大样图

Ⓒ 大样图

注：本页根据驰瑞莱工业（北京）有限公司提供资料编制。

远东控股集团京航安公司照片

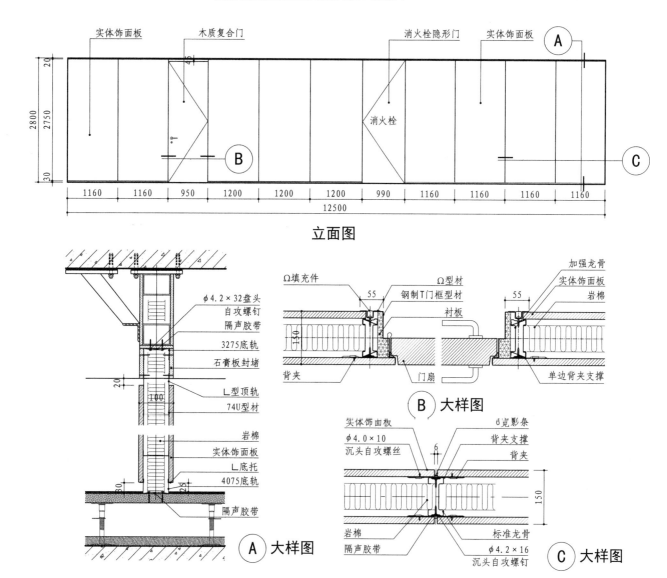

立面图

注：1. 本页根据驰瑞莱工业（北京）有限公司提供资料编制。
2. 实体饰面板板材可选用金属蜂窝复合板、埃特板、石膏板、抗倍特板等材质，以满足不同的防火要求；
同时可用不同饰面材料进行表面粘贴，满足不同的装饰效果。

通策医疗集团杭州医院照片

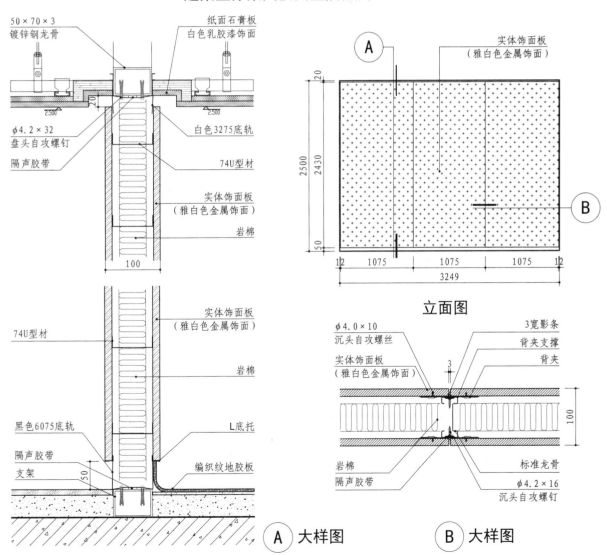

立面图

Ⓐ 大样图　　　Ⓑ 大样图

注：1. 本页根据驰瑞莱工业（北京）有限公司提供资料编制。
　　2. 实体饰面板板材可选用金属蜂窝复合板、埃特板、石膏板、抗倍特板等材质，以满足不同的防火要求；
　　　同时可用不同饰面材料进行表面粘贴，满足不同的装饰效果。

205

附录：内墙装修相关规范及参考资料

[1]《民用建筑设计统一标准》GB 50352—2019

[2]《房屋建筑室内装饰装修制图标准》JGJ/T 244—2011

[3]《建筑设计防火规范》GB 50016—2014（2018 年版）

[4]《建筑内部装修设计防火规范》GB 50222—2017

[5]《民用建筑热工设计规范》GB 50176—2016

[6]《民用建筑隔声设计规范》GB 50118—2010

[7]《装配式住宅建筑设计标准》JGJ/T 398—2017

[8]《住宅室内装饰装修设计规范》JGJ 367—2015

[9]《住宅室内装饰装修工程质量验收规范》JGJ/T 304—2013

[10]《室内装饰隔断》CAS 221—2012

[11]《内装修—细部构造》国家建筑标准设计图集 16J502—4

[12]《内装修—墙面装修》国家建筑标准设计图集 13J502—1

[13]《铝合金建筑型材》GB/T 5237.1 ～ 6

[14]《建筑材料及制品燃烧性能分级》GB 8624

[15]《建筑用轻钢龙骨》GB/T 11981

[16]《建筑用轻钢龙骨配件》JC/T 558

[17]《建筑装饰室内石材工程技术规程》CECS 422：2015

[18]《建筑工业化内装工程技术规程》T/CECS 558：2018

[19]《室内装饰装修工程人造石材应用技术规程》T/CBDA 8—2017

[20]《建筑室内安全玻璃工程技术规程》T/CBDA 28—2019

[21]《机场航站楼室内装饰装修工程技术规程》T/CBDA 11—2018

[22]《电影院室内装饰装修技术规程》T/CBDA 15—2018

[23]《幼儿园室内装饰装修技术规程》T/CBDA 25—2018

[24]《室内装饰装修用木塑型材》JC/T 2223—2014

[25]《室内装饰装修选材指南》JC/T 2350—2016

[26]《民用建筑工程室内环境污染控制标准》GB 50325—2020

[27]《绿色建筑室内装饰装修评价标准》T/CBDA 2—2016

[28]《建筑用墙面涂料有害物质限量》GB 18582—2020

[29]《室内装饰装修材料　胶粘剂中有害物质限量》GB 18583—2008

[30]《室内装饰装修材料　人造板及其制品中甲醛释放限量》GB 18580—2017

[31] 张绮曼，郑曙旸．室内设计资料集 [M]．北京：中国建筑工业出版社，1991.

[32] 中国建筑工业出版社，中国建筑学会．建筑设计资料集（第三版）[M]．北京：中国建筑工业出版社，2017.

[33] 韩力炜，郭瑞勇．室内设计师必知的 100 个节点 [M]．南京：江苏凤凰科学出版社，2017.